GUOJIA ZHONGDIAN

SHENGTAI GONGNENGQU SHENGTAI XITONG FUWU

YAOGAN JIANCE YU PINGGU

国家重点
生态功能区生态系统服务
遥感监测与评估

刘慧明　刘　晓　杨海军／著

中国环境出版集团·北京

图书在版编目（CIP）数据

国家重点生态功能区生态系统服务遥感监测与评估 /
刘慧明，刘晓，杨海军著 . —北京：中国环境出版集团，2024.10
ISBN 978-7-5111-5595-5

Ⅰ. ①国… Ⅱ. ①刘… ②刘… ③杨… Ⅲ. ①区域生态
环境—环境质量评价—中国 Ⅳ. ① X321.2

中国国家版本馆 CIP 数据核字（2023）第 158735 号

审图号：GS 京（2023）2297 号

出 版 人 武德凯
责任编辑 曲　婷
封面设计 彭　杉

出版发行 中国环境出版集团
　　　　　（100062　北京市东城区广渠门内大街 16 号）
　　　　　网　　　址：http：//www.cesp.com.cn.
　　　　　电子邮箱：bjgl@cesp.com.cn.
　　　　　联系电话：010-67112765（编辑管理部）
　　　　　　　　　　010-67112736（第五分社）
　　　　　发行热线：010-67125803，010-67113405（传真）
印　　刷 北京中科印刷有限公司
经　　销 各地新华书店
版　　次 2024 年 10 月第 1 版
印　　次 2024 年 10 月第 1 次印刷
开　　本 787×1092　1/16
印　　张 10.75
字　　数 150 千字
定　　价 60.00 元

中国环境出版集团郑重承诺：
中国环境出版集团合作的印刷单位、材料单位均具有中国环境标志产品认证。

前 言
PREFACE

　　2010 年 12 月，国务院颁布《全国主体功能区规划》（国发〔2010〕46 号），正式确立了 25 个国家重点生态功能区，这些区域作为"保障国家生态安全的主要区域，人与自然和谐相处的示范区"。国家重点生态功能区是指与全国或较大范围区域的生态安全密切相关，生态系统十分重要，当前生态系统有所退化，在国土空间开发中需要限制开展大规模高强度城镇化开发、工业化，需保持和提高生态产品供给能力的区域。国家重点生态功能区的设立，旨在通过科学有效的措施，促进水源涵养、防风固沙、保持水土、调蓄洪水、保护生物多样性等核心生态功能的恢复与提升，它们在保持流域与区域生态平衡、减轻自然灾害、捍卫国家和地区生态环境安全方面发挥着不可替代的作用，不仅是国家重要的生态安全屏障，也是生态环境保护的重中之重。

　　生态系统为维持人类生存所提供的自然环境条件及效用，被称为生态系统服务价值，既包括为人类提供物质产品、文化娱乐服务等直接利用价值，也包括保护环境、维持生态平衡等间接利用价值，服务范围涵盖国民生产各个部门。生态系统服务价值评估是生态保护、生态功能区划、自然资产核算和生态补偿决策的重要依据和基础。

　　对全国重点生态功能区进行分类分区的生态系统服务价值供给和需求的定量综合评估，在国家尺度上，了解生态转移支付政策实施前后，生态系统

i

服务价值供需关系的时空变化，对国家重点生态功能区的生态环境质量和生态保护力度的提升，具有重要作用。

因此本研究选择国家重点生态功能区作为研究区，利用综合指数、模型运算和地理信息空间分析等手段，基于生态系统服务价值供需关系的动态评估方法，从 25 个分区及 4 大生态功能分类尺度上，进行生态系统服务价值供需关系的时空动态变化分析，对于维护国家生态安全和协调区域生态环境可持续发展具有重要意义，可为重点生态功能区的生态环境建设提供科学依据和数据支持。

本书共分为四章，第一章绪论部分明确了研究目的与范围。第二章详细阐述了生态系统服务遥感监测和评估技术体系的构建，包括价值评估、需求评估及供需关系的监测和评价技术方法，技术流程和综合指数构建等方面，提供了详尽的技术路线与方法论。第三章则基于该技术体系，对研究结果进行了深入分析，全面剖析生态系统服务供给与需求现状及其变化，揭示国家重点生态功能区生态系统服务供需关系的动态特征及其驱动机制。第四章作为结论与讨论部分，对全书的研究结果进行总结与提炼，对生态转移支付政策的影响进行深入探讨，为政策制定者提供参考。

本书由刘慧明、刘晓、杨海军主持编写，其中刘慧明负责撰写第一章、第三章，刘晓负责撰写第二章、第四章，全书由刘慧明和杨海军负责统稿。

本书在编写过程中得到位贺杰、董孝斌、徐新良等老师的指导和帮助，在此表示衷心的感谢。

本书不仅是对当前国家重点生态功能区生态系统服务评估领域最新研究成果的集中展示，也是对未来生态保护与管理工作的重要贡献。我们期待本书能够引起更多学者、政策制定者及社会公众的关注与讨论，共同推动生态系统服务的科学评估与有效管理，为实现人与自然的和谐共生贡献智慧与力量。由于本书所涉及内容受研究时间和作者水平所限，书中难免有不详与错误之处，恳请读者批评指正，以使今后的工作进一步完善。

目 录
CONTENTS

第 1 章

绪 论

1.1　研究目的

生态系统服务（ecosystem services）是指生态系统对人类福祉的直接和间接贡献[1]，一般划分为供给服务、调节服务、文化服务与支持服务[2]，它是人类赖以生存和发展的资源与环境基础[3]。生态系统服务是自然生态系统与人类社会经济系统联结的桥梁，在过去的二十几年间，它已经在科学界、政府管理界和政策制定层面引起了极大的关注，并且取得了丰硕的研究成果。

生态系统服务与人类福祉紧密相连。联合国于 2005 年发布的《千年生态系统评估报告》指出，人类向自然生态系统的过多索取已造成全球生态系统服务的供不应求和服务能力的持续下降[2]，生态系统服务供需矛盾突出，危及当代人类社会的福祉。实现生态系统服务的可持续需要全面了解生态系统服务供给和需求的特征、量级以及动态变化，加强生态系统服务供给和需求的综合研究具有非常重要的现实意义[4]。生态系统服务供给指在特定的区域和特定的时间内，特定的生态系统在自身生物物理属性、生态功能和社会条件作用下提供的一系列生态系统服务[5-7]。生态系统服务需求则指在特定的区域和特定的时间内，社会或个体对某种生态系统服务的期望或偏好[7-8]。如果仅从供给方或自然生态系统角度研究生态系统服务，而不将生态系统服务社会需求纳入研究范围，那么对生态系统服务管理和人类福祉改善只能提供有限的支持和支撑。我们需要充分了解生态系统服务的供给方和需求方，才能成功地链接生态系统服务与人类福祉，进而形成科学的政策建议[4, 9-10]。

将生态系统服务的供给与需求关联起来，在生态系统服务的供给与需求之间建立因果关系，研究成果才易于应用在生态系统管理的实践中。在过去的几年里，一些学者创建概念模型试图集成生态系统服务的供给方和需求方。例如，生态系统服务的 EPPS（Ecosystem Properties，Potentials and Services）框架[11]，生态系统服务传递链[7]，以及生态系统服务供需综合评估框架[12]。

一些指标（如食物、能源和碳）的供需比率[13-14]和一些方法如矩阵方法[5]、参与式方法[15]被用来研究生态系统服务间的供需关系。这些研究已经显示出在生态系统服务的研究中集成生态系统服务的供给方和需求方，对形成生态系统服务的管理决策起着一定作用。生态系统服务供给和需求的作用、范围存在各自特征，所以在对二者进行综合研究时，空间尺度的选取是非常关键的。目前在生态系统服务综合评估中，研究选取的生态系统服务空间尺度包括洲际尺度[16-18]、区域尺度[19-20]、流域尺度[19, 21-22]、城乡交错区[13]、城市尺度[23-24]等。在国家尺度上也有相关研究，如 Bukvareva 等[25]构建指标体系评估了俄罗斯生态系统服务的供给、消费和需求，并计算生态系统服务的盈余与亏缺度，为生态系统服务风险区域的识别提供了指导。但是，整体来说，生态系统服务供需综合的相关研究，对宏观尺度（如国家尺度）的生态系统服务管理提供的建议指导仍然很有限，亟待深入探究。

改革开放以来，中国社会经济发展迅速，但也付出了巨大的环境和生态代价。在中国，土地利用变化较为剧烈，成为全球的典型代表性区域。土地利用变化是人类最直接的活动方式之一，它既可以直接或间接地对生态系统类型、格局与过程等产生影响，从而改变生态系统服务的供给，也反映了生态系统服务的巨大需求。由此引发的生态系统服务供需变化和权衡关系等日益受到重视，而针对该问题进行系统性和深层次的探索是自然科学和社会科学交叉领域的一个重要科学问题。

为优化国土开发空间格局，加强生态环境保护，国务院于 2010 年印发了《全国主体功能区规划》，国家重点生态功能区以保护和修复生态环境、提供生态产品为首要任务，其主要规划目标为增强生态服务功能，改善生态环境质量等。本书从供需综合角度全面评估 2000—2020 年国家重点生态功能区生态系统服务的供给和需求的关系，理论上可以深化生态系统服务科学研究，推动自然生态系统和人类社会系统互动机制的探索，促进交叉学科的发展；实践上可为后续国家重点生态功能区综合监测与科学评估提供科学基础，对中国生态环境建设和可持续发展具有重要意义。

1.2　研究范围

　　《全国主体功能区规划》确定了 25 个国家重点生态功能区，将其划分为 4 种类型，包括水土保持型、水源涵养型、生物多样性维护型和防风固沙型[26]，总面积 $3.86 \times 10^6\ km^2$，占陆地国土面积的 40.2%。重点生态功能区在全国各地均有分布（图 1-1），这些地区生态环境相对脆弱，水资源时空分布差异较大，但开发利用前景广阔，能源和矿产资源丰富[27]，且关系着区域生态保护与社会经济协调发展，影响西部与其他区域的生态经济平衡发展。

　　国家重点生态功能区是指承担水源涵养、水土保持、防风固沙和生物多样性维护等重要生态功能，关系全国或较大范围区域的生态安全，需要在国土空间开发中限制进行大规模、高强度工业化、城镇化开发，以保持并提高生态产品供给能力的区域。国家重点生态功能区是国家对优化国土资源空间格局、坚定不移地实施主体功能区制度、推进生态文明制度建设所划定的重点区域。重点生态功能区县（市、区）数量为 817 个，具体名单见表 1-1。

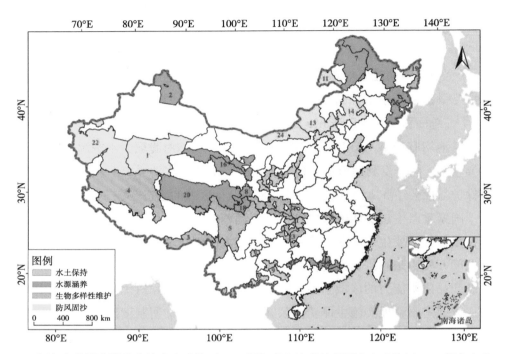

1—阿尔金草原荒漠化防治生态功能区；2—阿尔泰山地森林草原生态功能区；3—藏东南高原边缘森林生态功能区；4—藏西北羌塘高原荒漠生态功能区；5—川滇森林及生物多样性生态功能区；6—大别山水土保持生态功能区；7—大小兴安岭森林生态功能区；8—甘南黄河重要水源补给生态功能区；9—桂黔滇喀斯特石漠化防治生态功能区；10—海南岛中部山区热带雨林生态功能区；11—呼伦贝尔草原草甸生态功能区；12—黄土高原丘陵沟壑水土保持生态功能区；13—浑善达克沙漠化防治生态功能区；14—科尔沁草原生态功能区；15—南岭山地森林及生物多样性生态功能区；16—祁连山冰川与水源涵养生态功能区；17—秦巴生物多样性生态功能区；18—若尔盖草原湿地生态功能区；19—三江平原湿地生态功能区；20—三江源草原草甸湿地生态功能区；21—三峡库区水土保持生态功能区；22—塔里木河荒漠化防治生态功能区；23—武陵山区生物多样性与水土保持生态功能区；24—阴山北麓草原生态功能区；25—长白山森林生态功能区。

图1-1　国家重点生态功能区空间分布格局

表 1-1　国家重点生态功能区县域名单（2017 年名单）

序号	国家重点生态功能区	县域数量	县域名称
1	阿尔金草原荒漠化防治生态功能区	2	且末县、若羌县
2	阿尔泰山地森林草原生态功能区	7	阿勒泰市、布尔津县、福海县、富蕴县、哈巴河县、吉木乃县、青河县
3	白洋淀水源涵养生态功能区	2	安新县、雄县
4	博斯腾湖生物多样性生态功能区	1	博湖县
5	藏东南高原边缘森林生态功能区	6	巴宜区、波密县、察隅县、错那县、米林县、墨脱县
6	藏东生物多样性生态功能区	4	丁青县、贡觉县、江达县、类乌齐县
7	藏西北羌塘高原荒漠生态功能区	12	安多县、班戈县、措勤县、噶尔县、改则县、革吉县、嘉黎县、尼玛县、普兰县、日土县、双湖县、札达县
8	柴达木盆地防风固沙生态功能区	3	大柴旦行政委员会、都兰县、芒崖市
9	川滇森林及生物多样性生态功能区	59	巴塘县、白玉县、宝兴县、北川羌族自治县、澄江县、丹巴县、道孚县、稻城县、得荣县、德格县、德钦县、福贡县、甘孜县、贡山独龙族怒族自治县、黑水县、华宁县、剑川县、江川区、金川县、金平苗族瑶族傣族自治县、景东彝族自治县、景洪市、九龙县、九寨沟县、康定市、兰坪白族普米族自治县、澜沧拉祜族自治县、理塘县、理县、炉霍县、泸定县、泸水市、马尔康市、茂县、勐海县、勐腊县、孟连傣族拉祜族佤族自治县、木里藏族自治县、宁蒗彝族自治县、平武、屏边苗族自治县、壤塘县、色达县、石渠县、双柏县、松潘县、天全县、通海县、维西傈僳族自治县、汶川县、西盟佤族自治县、乡城县、香格里拉市、小金县、新龙县、雅江县、盐源县、玉龙纳西族自治县、镇沅彝族哈尼族拉祜族自治县

序号	国家重点生态功能区	县域数量	县域名称
10	川西南山地生物多样性功能区	14	布拖县、峨边彝族自治县、甘洛县、金阳县、雷波县、马边彝族自治县、美姑县、沐川县、宁南县、普格县、石棉县、喜德县、越西县、昭觉县
11	大别山水土保持生态功能区	18	大悟县、光山县、红安县、霍山县、金寨县、罗山县、罗田县、麻城市、潜山县、商城县、狮河区、石台县、太湖县、浠水县、孝昌县、新县、英山县、岳西县
12	大小兴安岭森林生态功能区	47	阿尔山市、阿荣旗、爱辉区、北安市、翠峦区、带岭区、额尔古纳市、鄂伦春自治旗、方正县、甘南县、根河市、红星区、呼玛县、呼中区、加格达奇区、嘉荫县、金山屯区、美溪区、莫力达瓦达斡尔族自治旗、漠河县、木兰县、南岔区、嫩江县、庆安县、上甘岭区、尚志市、松岭区、绥棱县、孙吴县、塔河县、汤旺河区、铁力市、通河县、乌马河区、乌伊岭区、五常市、五大连池市、五营区、西林区、新林区、新青区、逊克县、牙克石市、延寿县、伊春区、友好区、扎兰屯市
13	滇西山地生物多样性生态功能区	4	南涧彝族自治县、巍山彝族回族自治县、漾濞彝族自治县、永平县
14	洞庭湖生物多样性维护功能区	1	君山区
15	甘南黄河重要水源补给生态功能区	16	合作市、和政县、化隆回族自治县、积石山保安族东乡族撒拉族自治县、康乐县、临潭县、临夏县、碌曲县、玛曲县、岷县、渭源县、夏河县、循化撒拉族自治县、永靖县、漳县、卓尼县
16	高原湖泊水源涵养生态功能区	3	洱源县、石屏县、永胜县
17	桂黔滇喀斯特石漠化防治生态功能区	70	巴马瑶族自治县、册亨县、赤水市、从江县、大方县、大关县、大化瑶族自治县、大姚县、丹寨县、德保县、德江县、东川区、东兰县、都安瑶族自治县、凤山县、富川瑶族自治县、富宁县、恭城瑶族自治县、关岭布依族苗族自治县、灌阳县、广南县、赫章县、黄平县、剑河县、江口县、金沙县、锦屏县、乐业县、雷山县、

续表

序号	国家重点生态功能区	县域数量	县域名称
17	桂黔滇喀斯特石漠化防治生态功能区	70	荔波县、凌云县、六枝特区、罗甸县、麻栗坡县、马关县、马山县、蒙山县、那坡县、纳雍县、平塘县、七星关区、黔西县、巧家县、榕江县、三都水族自治县、上林县、施秉县、石阡县、水城县、思南县、绥江县、台江县、天等县、天峨县、望谟县、威宁彝族回族苗族自治县、文山市、西畴县、西林县、习水县、忻城县、沿河土家族自治县、盐津县、阳朔县、印江土家族苗族自治县、永仁县、永善县、镇宁布依族苗族自治县、织金县、紫云苗族布依族自治县
18	海南岛热带岛屿生态功能区	22	白沙黎族自治县、保亭黎族苗族自治县、昌江黎族自治县、澄迈县、儋州市、定安县、东方市、乐东黎族自治县、临高县、陵水黎族自治县、龙华区、美兰区、琼海市、琼山区、琼中黎族苗族自治县、三沙市、三亚市、屯昌县、万宁市、文昌市、五指山市、秀英区
19	衡山水源涵养生态功能区	1	南岳区
20	衡水湖水源涵养生态功能区	3	冀州区、桃城区、枣强县
21	呼伦贝尔草原草甸生态功能区	2	新巴尔虎右旗、新巴尔虎左旗
22	黄山水源涵养生态功能区	12	淳安县、浮梁县、黄山区、绩溪县、泾县、旌德县、祁门县、青阳县、歙县、婺源县、休宁县、黟县
23	黄土高原凌沟壑水土保持生态功能区	19	保德县、大宁县、汾西县、河曲县、吉县、岢岚县、临县、柳林县、偏关县、蒲县、清水河县、神池县、石楼县、五寨县、隰县、乡宁县、兴县、永和县、中阳县
24	黄土高原丘陵沟壑水土保持生态功能区	31	安塞区、东乡族自治县、海原县、红寺堡区、华池县、环县、黄龙县、会宁县、佳县、泾源县、静宁县、隆德县、米脂县、彭阳县、清涧县、庆城县、绥德县、通渭县、同心县、吴堡县、吴起县、西吉县、盐池县、宜川县、原州区、张家川回族自治县、镇原县、志丹县、庄浪县、子长县、子洲县

续表

序号	国家重点生态功能区	县域数量	县域名称
25	湟水谷地水土保持生态功能区	7	大通回族土族自治县、互助土族自治县、湟源县、湟中县、乐都区、民和回族土族自治县、平安区
26	浑善达克沙漠化防治生态功能区	25	阿巴嘎旗、赤城县、崇礼区、东乌珠穆沁旗、多伦县、丰宁满族自治县、沽源县、怀安县、康保县、克什克腾旗、桥东区、桥西区、尚义县、苏尼特右旗、苏尼特左旗、太仆寺旗、万全区、围场满族蒙古族自治县、西乌珠穆沁旗、下花园区、镶黄旗、宣化区、张北县、正蓝旗、正镶白旗
27	冀北及燕山水土保持生态功能区	3	北戴河区、抚宁区、青龙满族自治县
28	京津水源地水源涵养生态功能区	16	承德县、怀来县、蓟州区、宽城满族自治县、隆化县、滦平县、密云区、平泉市、双滦区、双桥区、蔚县、兴隆县、延庆区、阳原县、鹰手营子矿区、涿鹿县
29	科尔沁草原生态功能区	11	阿鲁科尔沁旗、巴林右旗、开鲁县、科尔沁右翼中旗、科尔沁左翼后旗、科尔沁左翼中旗、库伦旗、奈曼旗、通榆县、翁牛特旗、扎鲁特旗
30	鲁中山地水土保持生态功能区	12	博山区、费县、临朐县、蒙阴县、平邑县、曲阜市、山亭区、台儿庄区、泰山区、五莲县、沂水县、沂源县
31	南水北调水源涵养生态功能区	44	白河县、城固县、丹凤县、丹江口市、邓州市、房县、佛坪县、汉滨区、汉台区、汉阴县、岚皋县、留坝县、卢氏县、栾川县、洛南县、略阳县、茅箭区、勉县、南郑县、内乡县、宁强县、宁陕县、平利县、山阳县、商南县、商州区、神农架林区、石泉县、桐柏县、西峡县、西乡县、淅川县、旬阳县、洋县、郧西县、郧阳区、柞水县、张湾区、镇安县、镇巴县、镇坪县、竹山县、竹溪县、紫阳县

序号	国家重点生态功能区	县域数量	县域名称
32	南岭山地森林及生物多样性生态功能区	80	安福县、安仁县、安远县、茶陵县、崇义县、大埔县、大余县、道县、定南县、东安县、丰顺县、赣县区、桂东县、和平县、华安县、环江毛南族自治县、会昌县、嘉禾县、江华瑶族自治县、江永县、蕉岭县、金秀瑶族自治县、井冈山市、靖安县、蓝山县、乐昌市、连城县、连南瑶族自治县、连平县、连山壮族瑶族自治县、连州市、莲花县、临武县、龙川县、龙南县、龙胜各族自治县、芦溪县、陆河县、罗城仫佬族自治县、南康区、南雄市、宁都县、宁远县、平江县、平远县、全南县、仁化县、融水苗族自治县、汝城县、乳源瑶族自治县、瑞金市、三江侗族自治县、上杭县、上犹县、石城县、始兴县、双牌县、遂川县、通城县、通山县、铜鼓县、万安县、翁源县、武平县、新丰县、新田县、信丰县、信宜市、兴国县、兴宁市、修水县、寻乌县、炎陵县、阳山县、宜章县、永新县、于都县、长汀县、资兴市、资源县
33	祁连山冰川与水源涵养生态功能区	20	阿克塞哈萨克族自治县、甘州区、刚察县、高台县、古浪县、海晏县、凉州区、临泽县、门源回族自治县、民乐县、民勤县、祁连县、山丹马场（山丹县内）、山丹县、肃北蒙古族自治县、肃南裕固族自治县、天峻县、天祝藏族自治县、永昌县、永登县
34	秦巴生物多样性生态功能区	21	保康县、城口县、宕昌县、迭部县、凤县、康县、礼县、两当县、南江县、南漳县、青川县、太白县、通江县、万源市、旺苍县、文县、巫溪县、武都区、西和县、舟曲县、周至县
35	若尔盖草原湿地生态功能区	3	阿坝县、红原县、若尔盖县
36	三江平原湿地生态功能区	7	抚远市、富锦市、虎林市、密山市、饶河县、绥滨县、同江市

续表

序号	国家重点生态功能区	县域数量	县域名称
37	三江源草原草甸湿地生态功能区	23	班玛县、称多县、达日县、德令哈市、甘德县、格尔木市、共和县、贵德县、贵南县、河南蒙古族自治县、尖扎县、久治县、玛多县、玛沁县、囊谦县、曲麻莱县、同德县、同仁县、兴海县、玉树市、杂多县、泽库县、治多县
38	三峡库区水土保持生态功能区	9	巴东县、奉节县、巫山县、五峰土家族自治县、兴山县、夷陵区、云阳县、长阳土家族自治县、秭归县
39	塔里木河荒漠化防治生态功能区	25	阿合奇县、阿克陶县、阿瓦提县、巴楚县、策勒县、伽师县、和田县、柯坪县、洛浦县、麦盖提县、民丰县、墨玉县、皮山县、莎车县、疏附县、疏勒县、塔什库尔干塔吉克自治县、图木舒克市、乌恰县、乌什县、叶城县、英吉沙县、于田县、岳普湖县、泽普县
40	太行山地水土保持功能区	12	阜平县、井陉县、涞源县、灵寿县、平山县、曲阳县、顺平县、邢台县、行唐县、易县、赞皇县、正定县
41	腾格里沙漠草原荒漠化防治功能区	3	大武口区、沙坡头区、中宁县
42	腾格里沙漠防风固沙区	3	阿拉善右旗、阿拉善左旗、额济纳旗
43	天山北坡森林草原水源涵养功能区	10	博乐市、察布查尔锡伯自治县、巩留县、霍城县、尼勒克县、特克斯县、温泉县、新源县、伊宁县、昭苏县
44	武陵山区生物多样性与水土保持生态功能区	27	保靖县、辰溪县、慈利县、凤凰县、古丈县、鹤峰县、花垣县、吉首市、建始县、来凤县、利川市、龙山县、泸溪县、麻阳苗族自治县、彭水苗族土家族自治县、桑植县、石门县、石柱土家族自治县、桃源县、武陵源区、武隆区、咸丰县、秀山土家族苗族自治县、宣恩县、永定区、永顺县、酉阳土家族苗族自治县
45	武夷山水土保持生态功能区	14	光泽县、广昌县、建宁县、将乐县、黎川县、明溪县、南丰县、宁化县、浦城县、清流县、泰宁县、武夷山市、宜黄县、资溪县

序号	国家重点生态功能区	县域数量	县域名称
46	雪峰山水源涵养生态功能区	19	安化县、城步苗族自治县、洞口县、鹤城区、洪江市、会同县、靖州苗族侗族自治县、隆回县、绥宁县、桃江县、通道侗族自治县、新化县、新晃侗族自治县、新宁县、新邵县、溆浦县、沅陵县、芷江侗族自治县、中方县
47	阴山北麓草原生态功能区	8	察哈尔右翼后旗、察哈尔右翼中旗、达尔罕茂明安联合旗、固阳县、化德县、四子王旗、乌拉特后旗、乌拉特中旗
48	长白山森林生态功能区	21	安图县、本溪满族自治县、东昌区、东宁市、敦化市、抚松县、海林市、和龙市、桓仁满族自治县、浑江区、集安市、江源区、靖宇县、宽甸满族自治县、林口县、临江市、穆棱市、宁安市、汪清县、新宾满族自治县、长白朝鲜族自治县
49	长岛海岛生物多样性保护功能区	1	长岛县
50	浙闽山区水源涵养生态功能区	16	常山县、景宁畲族自治县、开化县、龙泉市、磐安县、屏南县、庆元县、寿宁县、遂昌县、泰顺县、文成县、永春县、永泰县、云和县、柘荣县、周宁县
51	中喜马拉雅山北翼高寒草原水源涵养区	14	措美县、当雄县、定结县、定日县、岗巴县、吉隆县、康马县、浪卡子县、隆子县、洛扎县、聂拉木县、萨嘎县、亚东县、仲巴县
52	准噶尔盆地西部生物多样性维护生态功能区	4	额敏县、塔城市、托里县、裕民县
	总计	817	

第 2 章

▼

国家重点生态功能区生态系统
服务遥感监测评估技术体系

2.1　生态系统服务价值评估

2.1.1　技术路线

本书以土地利用类型为基础，计算不同时期国家重点生态功能区各生态系统类型的总生态系统服务价值。以 Costanza 与谢高地等[28-32]对生态系统服务价值评价研究为基础，系统梳理了以功能价值法为主的生态系统服务价值量评价研究成果，并参考谢高地等[32]制定的中国陆地生态系统单位面积生态系统服务价值及其修订的生态系统服务价值系数，结合全国降水量、土壤保持量、NPP（净初级生产力）等数据对各地区各时段的各服务进行修正，计算 2000—2020 年动态的生态系统服务价值。

不同土地利用类型具有不同的生态服务功能与价值，本研究选取2000 年、2010 年、2020 年三期的土地利用数据作为生态服务价值的计算基础。在全国 1∶10 万比例尺土地利用 / 覆被数据的基础上，根据生态系统和土地利用类型对应关系转化而成的中国陆地生态系统分类数据，生态系统类型包括人工表面、农田、森林、草地、湿地、荒漠、水域 7 个一级类，具体转换方式[33]见表 2-1。

表 2-1　土地利用类型与生态系统类型转换方式[33]

生态系统分类	土地利用类型及主要组成
人工表面	建筑用地（城镇用地、农村居民点、其他建设用地）
农田	耕地（旱地、水田）
森林	林地（有林地、灌木林、疏林地、其他林地）
草地	草地（低覆盖草地、中覆盖草地、高覆盖草地）；未利用地（盐碱地、裸土地）
湿地	未利用地（沼泽地）
荒漠	未利用地（高寒荒漠、苔原等、沙地、戈壁、裸岩石质地）
水域	水域（河渠、湖泊、水库坑塘、滩涂、滩地、永久性冰川雪地）

　　根据研究需要，参照谢高地等的分类，将生态系统类型分为15个二级类：旱地、水田、针叶林、针阔混交林、阔叶林、灌木林、草原、灌草丛、草甸、湿地、荒漠、裸地、水系、冰川积雪、人工表面（包括建筑用地、工矿用地）。考虑到人工表面面积较小，且其生态服务价值几乎没有，各研究学者多将其忽略不计，因此，本研究中人工表面的生态服务价值为0。

　　本研究技术路线如图2-1所示。

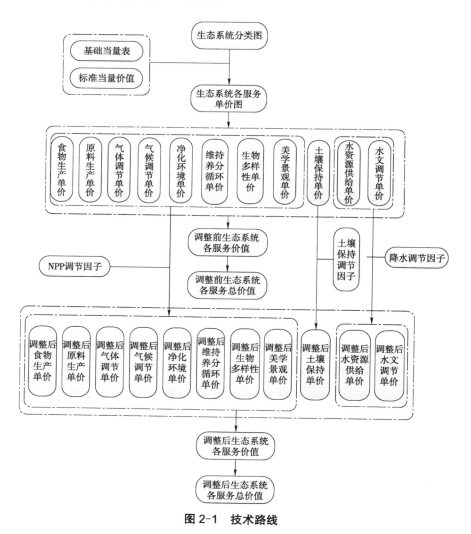

图2-1　技术路线

2.1.2 价值评估

某一区域内生态资产的总量是区域内所有生态系统类型提供的所有服务功能及其自然资源价值的总和，它是一个随时间动态变化的量值，会随着区域内所含有的生态系统的类型、面积、质量的变化而变化[34]。一定区域内的生态系统服务价值总量 V 可以表示为

$$V = \sum_{k=1}^{n} Vk \tag{2-1}$$

式中：k=1，2，$\cdots$，n 表示生态系统服务功能的类型；Vk 表示生态系统第 k 种生态系统服务价值。

$$Vk = \sum_{l=1}^{n} \sum_{j=1}^{m} D \times E_{kij} \times M_{lj} \tag{2-2}$$

式中：D 表示 1 个标准当量因子的生态系统服务价值量，元 /hm²；E_{kij} 表示第 j 类生态系统在第 i 地区第 k 类生态服务功能的单位面积价值当量因子；l=1，2，$\cdots$，n 表示一定区域内第 k 类生态系统在空间上分布的像元数；j=1，2，$\cdots$，m 表示第 k 种生态系统服务功能的第 j 类生态系统；M_{lj} 表示各个像元的面积大小，对于等面积投影，M_{lj} 为给定的常数。

2.1.3 标准单位当量因子价值量

本研究参考谢高地等[32]制定的中国生态系统服务价值评估方法，取单位面积农田生态系统粮食生产的净利润作为 1 个标准当量因子的生态系统服务价值量，农田生态系统的粮食产量价值主要依据稻谷、小麦、玉米三大粮食产物计算。其计算公式如式（2-3）所示：

$$D = P_r \times Y_r + P_w \times Y_w + P_c \times Y_c \tag{2-3}$$

式中：D 表示 1 个标准当量因子的生态系统服务价值量，元 /hm²；P 表示某年某一作物所占面积百分比，%；Y 表示某年某一作物的单位面积平均净利

润，元 /hm²；r 为稻谷，w 为小麦，c 为玉米。

单位面积粮食的经济价值在不同时期会发生变化，随着科学技术的进步会逐渐增加，而且这个价值也受通货膨胀的影响[35]。所以本研究统一选取 2010 年的粮食价格来计算。依据《中国统计年鉴 2011》[36]、《全国农产品成本收益资料汇编 2011》[37] 和式（2-3），得到 D 值为 3 406.5 元 /hm²。

单位面积生态系统服务价值的基础当量是指不同类型生态系统单位面积上各类服务功能年均价值当量（以下简称基础当量）。基础当量体现了不同生态系统及其各类生态系统服务功能在全国范围内的年均价值量，也是合理构建表征生态系统服务价值区域空间差异和时间动态变化的动态当量表的前提和基础[38-39]。本研究以谢高地等[32]构建的生态系统服务价值基础当量表为基础，对各类生态系统的不同生态服务价值进行核算（表 2-2）。

表 2-2　单位面积生态系统服务价值当量[32]

生态系统分类		供给服务			调节服务				支持服务			文化服务
一级分类	二级分类	食物生产	原料生产	水资源供给	气体调节	气候调节	净化环境	水文调节	土壤保持	维持养分循环	生物多样性	美学景观
农田	旱地	0.85	0.40	0.02	0.67	0.36	0.10	0.27	1.03	0.12	0.13	0.06
	水田	1.36	0.09	-2.63	1.11	0.57	0.17	2.72	0.01	0.19	0.21	0.09
森林	针叶	0.22	0.52	0.27	1.70	5.07	1.49	3.34	2.06	0.16	1.88	0.82
	针阔混交	0.31	0.71	0.37	2.35	7.03	1.99	3.51	2.86	0.22	2.60	1.14
	阔叶	0.29	0.66	0.34	2.17	6.50	1.93	4.74	2.65	0.20	2.41	1.06
	灌木	0.19	0.43	0.22	1.41	4.23	1.28	3.35	1.72	0.13	1.57	0.69
草地	草原	0.10	0.14	0.08	0.51	1.34	0.44	0.98	0.62	0.05	0.56	0.25
	灌草丛	0.38	0.56	0.31	1.97	5.21	1.72	3.82	2.40	0.18	2.18	0.96
	草甸	0.22	0.33	0.18	1.14	3.02	1.00	2.21	1.39	0.11	1.27	0.56
湿地	湿地	0.51	0.50	2.59	1.90	3.60	3.60	24.23	2.31	0.18	7.87	4.73
荒漠	荒漠	0.01	0.03	0.02	0.11	0.10	0.31	0.21	0.13	0.01	0.12	0.05
	裸地	0.00	0.00	0.00	0.02	0.00	0.10	0.03	0.02	0.00	0.02	0.01

续表

生态系统分类		供给服务			调节服务				支持服务			文化服务
一级分类	二级分类	食物生产	原料生产	水资源供给	气体调节	气候调节	净化环境	水文调节	土壤保持	维持养分循环	生物多样性	美学景观
水域	水系	0.80	0.23	8.29	0.77	2.29	5.55	102.24	0.93	0.07	2.55	1.89
	冰川积雪	0.00	0.00	2.16	0.18	0.54	0.16	7.13	0.00	0.00	0.01	0.09

2.1.4　价值当量调节系数

生态系统的内部结构和外部形态在不同地区、不同时期都在发生着变化，因而其生态服务功能和价值量也在不断地发生变化。通过前人的研究[32]，生态系统的食物生产、原料生产、气体调节、气候调节、净化环境、维持养分循环、生物多样性和美学景观等服务功能与生物量在总体上呈正相关，水资源供给和水文调节与降水变化相关，而土壤保持与降水、地形坡度、土壤性质和植被盖度密切相关。基于上述认识，本研究进一步分析确定了 NPP、降水和土壤保持调节的动态因子，结合生态系统服务价值基础当量表，通过式（2-4）构建了生态服务动态变化价值当量修正方法：

$$E_{kij} = \begin{cases} P_{ij} \times E_{k1} \\ R_{ij} \times E_{k2} \\ S_{ij} \times E_{k3} \end{cases} \qquad （2\text{-}4）$$

式中：i 表示第 i 地区；j 表示第 j 类生态系统；E_{kij} 表示第 j 类生态系统在第 i 地区第 k 类生态服务功能的单位面积价值当量因子；E_k 表示第 k 种生态系统服务价值当量因子；P_{ij} 表示某年的 NPP 调节因子；R_{ij} 表示某年的降水调节因子；S_{ij} 表示某年的土壤保持调节因子；k_1 表示食物生产、原料生产、气体调节、气候调节、净化环境、维持养分循环、维持生物多样性和提供美学景观等服务功能；k_2 表示水资源供给或者水文调节服务功能；k_3 表示土壤保持服务功能。

（1）NPP 调节系数（P_{ij}）

$$P_{ij} = B_{ij} / \overline{B_j} \qquad (2\text{-}5)$$

式中：B_{ij} 表示某年第 j 类生态系统第 i 地区的 NPP，t/hm²；$\overline{B_j}$ 表示全国范围第 j 类生态系统的年均 NPP，t/hm²。

（2）降水调节系数（R_{ij}）

$$R_{ij} = W_{ij} / \overline{W} \qquad (2\text{-}6)$$

式中：W_{ij} 表示第 j 类生态系统第 i 地区某年的平均单位面积降水量，mm/hm²；$\overline{W}$ 表示全国年均单位面积降水量，mm/hm²。

（3）土壤保持调节系数（S_{ij}）

$$S_{ij} = C_{ij} / \overline{C} \qquad (2\text{-}7)$$

式中：C_{ij} 为某年第 j 类生态系统第 i 地区土壤保持量；$\overline{C}$ 表示全国单位面积平均土壤保持量。

2.2　生态系统服务需求评估

2.2.1　土地利用类型

本研究所用土地利用数据来源于中国科学院资源环境数据中心，覆盖全国陆地区域的多时相 1∶10 万全国土地利用数据库[33, 40]。该数据集以 Landsat TM/ETM 遥感影像为主要数据源，通过人工交互解译方法完成。分类体系包括耕地、林地、草地、水域、建设用地和未利用地，即 6 个一级类型，空间分辨率为 100 m，解译精度达 94.3% 以上，满足 1∶10 万比例尺用户制图精度[41]。

2.2.2　人类干扰程度

人类干扰指数（the index of human disturbance，HDI）是表征人类对陆地表层影响和作用程度的综合指数，可以清晰刻画人类活动对生态系统的扰动程度[42-43]。通过分析人类干扰指数的变化可以反映人类对生态系统干扰程度和对生物多样性的威胁程度的变化[44-45]。为了真实、客观地反映人类干扰程度，利用研究区土地利用数据在获取人类干扰类型空间分布数据的基础上，分层提取人类干扰活动类型，通过栅格运算方法，计算人类干扰指数[46]，其计算公式为

$$HDI = \frac{S_{CLE}}{S} \tag{2-8}$$

$$S_{CLE} = \sum_{i=1}^{n}\left(S_i \times C_i\right) \tag{2-9}$$

式中：HDI 为人类干扰指数；S_{CLE} 为建设用地当量面积；S 为区域总面积；S_i 为第 i 种土地利用/覆被类型的面积；C_i 为第 i 种土地利用/覆被类型的建设用地当量折算系数；n 为区域内土地利用/覆被类型数。

土地利用/覆被类型的建设用地当量折算系数（conversion index of construction land equivalent，CI）是指不同土地利用/覆被类型按照人类活动对陆地表层作用的强弱换算成建设用地当量的系数。不同的土地利用/覆被类型所反映的人类对陆地表层自然覆被利用、改造和开发的程度是不一样的。见表 2-3。

根据研究区的具体特征，将人类干扰强度划分为 5 个等级，分别为轻度干扰、较轻度干扰、中度干扰、较重度干扰和重度干扰。见表 2-4。

表 2-3　不同土地利用/覆被类型的建设用地当量折算系数[46]

一级类型		二级类型			折算系数 CI
编号	名称	编号	名称	含义	
1	耕地			指种植农作物的土地，包括熟耕地、新开荒地、休闲地、轮歇地、草田轮作物地；以种植农作物为主的农果、农桑、农林用地；耕种 3 年以上的滩地和海涂	
		11 111 112 113 114	水田 11	指有水源保证和灌溉设施，在一般年景能正常灌溉，用以种植水稻、莲藕等水生农作物的耕地，包括实行水稻和旱地作物轮种的耕地。 111 为山地水田，112 为丘陵水田，113 为平原水田，114 为>25° 坡地水田	0.2
		12 121 122 123 124	旱地 12	指无灌溉水源及设施，靠天然降水生长作物的耕地；有水源和浇灌设施，在一般年景下能正常灌溉的旱作物耕地；以种菜为主的耕地；正常轮作的休闲地和轮歇地。 121 为山地旱地，122 为丘陵旱地，123 为平原旱地，124 为>25° 坡地旱地	0.2
2	林地			指生长乔木、灌木、竹类以及沿海红树林地等林业用地	
		21	有林地	指郁闭度>30% 的天然林和人工林。包括用材林、经济林、防护林等成片林地	0
		22	灌木林	指郁闭度>40%、高度在 2 m 以下的矮林地和灌丛林地	0
		23	疏林地	指林木郁闭度为 10%～30% 的林地	0
		24	其他林地	指未成林造林地、迹地、苗圃及各类园地（果园、桑园、茶园、热作林园等）	0.133
3	草地			指以生长草本植物为主，覆盖度在 5% 以上的各类草地，包括以牧为主的灌丛草地和郁闭度在 10% 以下的疏林草地	
		31	高覆盖度草地	指覆盖度>50% 的天然草地、改良草地和割草地。此类草地一般水分条件较好，草被生长茂密	0.067

续表

一级类型		二级类型			折算系数 CI
编号	名称	编号	名称	含义	
3	草地	32	中覆盖度草地	指覆盖度为 20%～50% 的天然草地和改良草地，此类草地一般水分不足，草被较稀疏	0.067
		33	低覆盖度草地	指覆盖度为 5%～20% 的天然草地。此类草地水分缺乏，草被稀疏，牧业利用条件差	0.067
4	水域			指天然陆地水域和水利设施用地	
		41	河渠	指天然形成或人工开挖的河流及主干常年水位以下的土地。人工渠包括堤岸	0
		42	湖泊	指天然形成的积水区常年水位以下的土地	0
		43	水库坑塘	指人工修建的蓄水区常年水位以下的土地	0.6
		44	永久性冰川雪地	指常年被冰川和积雪覆盖的土地	0
		45	滩涂	指沿海大潮高潮位与低潮位之间的潮浸地带	0
		46	滩地	指河、湖水域平水期水位与洪水期水位之间的土地	0
5	城乡、工矿、居民用地			指城乡居民点及其以外的工矿、交通等用地	
		51	城镇用地	指大、中、小城市及县镇以上建成区用地	1
		52	农村居民点	指独立于城镇以外的农村居民点	1
		53	其他建设用地	指厂矿、大型工业区、油田、盐场、采石场等用地以及交通道路、机场及特殊用地	1
6	未利用地			目前还未利用的土地，包括难利用的土地	
		61	沙地	指地表为沙所覆盖，植被覆盖度在 5% 以下的土地，包括沙漠，不包括水系中的沙漠	0
		62	戈壁	指地表以碎砾石为主，植被覆盖度在 5% 以下的土地	0

续表

一级类型		二级类型			折算系数 CI
编号	名称	编号	名称	含义	
6	未利用地	63	盐碱地	指地表盐碱聚集，植被稀少，只能生长强耐盐碱植物的土地	0
		64	沼泽地	指地势平坦低洼，排水不畅，长期潮湿，季节性积水或常年积水，表层生长湿生植物的土地	0
		65	裸土地	指地表土质覆盖，植被覆盖度在5%以下的土地	0
		66	裸岩石质地	指地表为岩石或石砾，其覆盖面积>5%的土地	0
		67	其他	指其他未利用土地，包括高寒荒漠、苔原等	0

表 2-4　人类干扰指数分级标准[52]

分级	参数层	人类活动程度
轻度干扰	<0.1	基本无人类干扰
较轻度干扰	0.1～0.3	人类干扰活动很少
中度干扰	0.3～0.5	人类干扰活动较少
较重度干扰	0.5～0.7	存在较大规模的人类干扰活动
重度干扰	>0.7	存在大规模的人类干扰活动

本研究用人类干扰程度变化来刻画人类干扰的变化态势，其定义为两个年份间人类干扰变化比例，计算公式为

$$R(i, j) = (D_j - D_i) \times 100\% \qquad (2-10)$$

式中：D_i、D_j 分别为 i、j 年时的人类干扰指数；$R(i, j)$ 为 i 到 j 时段内人类干扰程度的变化。为更清晰地刻画区域人类干扰度的变化态势，依据变化程度的大小分为明显下降（变化程度<-5%）、较明显下降（-5%～-1%）、基本不变（-1%～1%）、较明显上升（1%～5%）以及明显上升（变化程度>5%）5个类型[52]。

2.2.3 经济需求评估

人口密度数据是利用全国分县人口统计数据，综合考虑与人口密切相关的土地利用类型、夜间灯光亮度、居民点密度等多个因素，利用多因子权重分配法将以行政区为基本统计单元的人口数据展布到空间格网上，从而实现人口的空间化；GDP 密度用同样的方法计算得到。

2.2.3.1 人口数据

人口数据通常以行政区为基本统计单元。人口空间化是以空间统计单元代替传统的行政统计单元。人口空间化数据为多领域之间数据共享、进行空间统计分析带来极大便利。

中国人口空间分布公里网格数据处理过程中，首先计算土地利用类型、夜间灯光亮度、居民点密度的人口分布权重，进而在对上述三方面影响权重标准化处理的基础上计算各县级行政单元的总权重，然后在计算各县级行政单元单位权重人口占比的基础上，运用栅格空间计算，把单位权重上的人口数与总权重分布图相结合，进行人口的空间化。计算公式为

$$POP_{ij} = POP \times (Q_{ij}/Q) \qquad (2-11)$$

式中：POP_{ij} 为空间化之后的栅格单元值；POP 为该栅格单元所在的县级行政区单元的人口统计值；Q_{ij} 为该栅格单元的土地利用类型、夜间灯光亮度、居民点密度的总权重；Q 为该栅格单元所在县级行政单元的土地利用类型、夜间灯光亮度、居民点密度的总权重。

中国人口空间分布公里网格数据集数据为 1 km 栅格数据。该数据集反映了人口数据在全国范围内的详细空间分布状况。该数据为栅格数据类型，每个栅格代表该网格范围（1 km²）内的人口数，单位为人 /km²，数据格式为 gird，数据以 Krassovsky 椭球为基准，投影方式为 Albers 投影。

2.2.3.2 GDP 数据

GDP 是社会经济发展、区域规划和资源环境保护的重要指标之一，通常以行政区为基本统计单元。GDP 空间化以空间统计单元代替传统的行政统计单元，为多领域之间数据共享、进行空间统计分析带来极大便利。中国 GDP 空间分布公里网格数据集在全国分县 GDP 统计数据的基础上，综合考虑与人类经济活动密切相关的土地利用类型、夜间灯光亮度、居民点密度等多个因素，利用多因子权重分配法将以行政区为基本统计单元的 GDP 数据展布到栅格单元上，从而实现 GDP 的空间化。

中国 GDP 空间分布公里网格数据集是在全国分县 GDP 统计数据的基础上，综合分析与人类活动密切相关的土地利用类型、夜间灯光亮度、居民点密度数据与 GDP 的空间互动规律，并分别建立三者与 GDP 之间的关系模型[47-49]。

该方法首先计算土地利用类型、夜间灯光亮度、居民点密度的 GDP 分布权重，进而在对上述三方面影响权重标准化处理的基础上计算各县级行政单元的总权重，然后在计算各县级行政单元单位权重 GDP 占比的基础上，运用栅格空间计算，把单位权重上的 GDP 与总权重分布图相结合，进行 GDP 的空间化。计算公式为

$$GDP_{ij} = GDP \times (Q_{ij}/Q) \tag{2-12}$$

式中：GDP_{ij} 为空间化之后的栅格单元值；GDP 为该栅格单元所在的县级行政区单元的 GDP 统计值；Q_{ij} 为该栅格单元的土地利用类型、夜间灯光亮度、居民点密度的总权重；Q 为该栅格单元所在县级行政单元的土地利用类型、夜间灯光亮度、居民点密度的总权重。

GDP 空间分布公里格网数据包括 2000 年、2010 年、2020 年，共 3 期。该数据集反映了 GDP 数据在全国范围内的详细空间分布状况。该数据为栅格数据类型，每个栅格代表该网格范围（1 km²）内的 GDP 总产值，单位为万元 /km²，数据格式为 gird，数据以 Krassovsky 椭球为基准，投影方式为 Albers 投影。

2.3　生态系统服务价值供需关系评价

2.3.1　生态系统服务价值供给与需求

2.3.1.1　生态系统服务供给

1. 生态系统服务价值的分级

为更清晰地描述和比较各个国家重点生态功能区域间生态系统服务的差异与变化，本研究将 1 km 格网的生态系统服务价值进行标准化[50-51]，并在标准化的基础上，将生态功能区生态系统服务价值划分为 5 个等级，分别为低值区、较低值区、中值区、较高值区和高值区（表 2-5）。

$$Z_i = \frac{X_i - X_{min}}{X_{max} - X_{min}} \qquad (2-13)$$

式中：Z_i 为第 i 个栅格内生态系统服务价值的标准化值，值域为 0～1；X_i 为第 i 个栅格生态系统服务价值的实际值；X_{max} 为研究区域生态系统服务价值的最大值；X_{min} 为研究区域生态系统服务价值的最小值。

表 2-5　生态系统服务价值分级标准

分级	参数层
低值区	0～0.005
较低值区	0.005～0.02
中值区	0.02～0.04
较高值区	0.04～0.06
高值区	0.06～1

2. 生态系统服务价值的变化程度

本研究用生态系统服务价值变化幅度和变化程度来表述生态系统服务价值的变化态势，变化幅度定义为一定时段内生态系统服务价值的变化量，变化

程度则定义为两时段间隔生态系统服务价值变化比例[51]，计算公式为

$$K=(E_{end}-E_{star})\times100\% \tag{2-14}$$

式中：E_{star}、E_{end} 为某区域研究期初和研究期末的总生态系统服务价值；K 为研究时段内生态系统服务价值的变化程度。为更清晰地刻画区域生态系统服务价值的变化态势，依据变化程度的大小分为明显减少（$<-5\%$）、较明显减少（$-5\%\sim-1\%$）、基本持衡（$-1\%\sim1\%$）、较明显增加（$1\%\sim5\%$）以及明显增加（$>5\%$）5 个类型[52]。见表 2-6。

表 2-6　生态系统服务价值变化程度类型的划分

变化程度 /%	变化程度类型
<-5	明显减少
$-5\sim-1$	较明显减少
$-1\sim1$	基本持衡
$1\sim5$	较明显增加
>5	明显增加

2.3.1.2　生态系统服务需求

生态系统服务的需求被解释为人类的消费和偏好需求量以及生态系统产品和服务的生产。需求实际上代表了土地开发的强度或人类活动的干扰程度。基于文献分析和数据可访问性，选择典型指标，包括人类干扰指数，人口密度和经济密度，以反映一个地区对生态系统服务的需求[53-54]。人类干扰指数通过土地利用数据得到[46]，这反映了人类活动对生态系统服务的影响程度；人口密度直接反映了人类对生态系统服务的需求程度；经济密度是按每平方千米国内生产总值（GDP）计算的，这表明经济发展水平可以间接反映人类对生态系统服务的偏好，一个地区的经济发展水平越高，该地区的生态系统服务需求就越多。提出描述生态系统服务需求的需求指数（Q），利用综合多指标模型衡量生态系统服务对人类生活和生产的消费和偏好需求[54]。由于东部和西部地区不同县的人口密度和 GDP 存在显著差异，采用统计学中的对数

方法，将局部波动细分计算，不影响分布的总体趋势，便于后续分析[54]。

综合多指标模型[55]可表示为

$$Q_i = R_i \times \lg(P_i) \times \lg(G_i) \qquad (2-15)$$

式中：Q_i 为需求功能数据；R_i 为人类干扰指数；P_i 为人口密度数据；G_i 为经济密度数据。

生态系统服务需求分级标准见表 2-7。

表 2-7　生态系统服务需求分级标准

分级	参数层
低值区	$0 \sim 0.04$
较低值区	$0.04 \sim 0.08$
中值区	$0.08 \sim 0.12$
较高值区	$0.12 \sim 0.16$
高值区	$0.16 \sim 1$

本研究将生态系统服务需求变化幅度定义为一定时段内生态系统服务需求的变化量，变化程度则定义为两时段间隔生态系统服务需求变化比例[51]，计算公式为

$$K = (E_{\text{end}} - E_{\text{star}}) \times 100\% \qquad (2-16)$$

式中：E_{star}、E_{end} 为某区域研究期初和研究期末的总生态系统服务需求；K 为研究时段内生态系统服务需求的变化程度。为更清晰地刻画区域生态系统服务需求的变化态势，依据变化程度的大小分为明显减少（变化程度 <-5%）、较明显减少（-5%～-1%）、基本持衡（-1%～1%）、较明显增加（1%～5%）以及明显增加（变化程度 >5%）5 个类型[52]。

2.3.2　生态系统服务供需关系

评估内容：对 2000—2020 年国家重点生态功能区生态系统服务供给、需

求、供需关系进行分析。供需关系通过综合性供需指数（基于表2-8构建）直观体现，其数值正负直接反映生态系统压力状况：正值表示供需紧张，人类需求超出生态供给，生态系统承压；负值则表示供给充足，满足或大于需求。

评估指标体系：如表2-8所示。

评估范围：国家重点生态功能区。

表 2-8　生态系统服务供需关系评估指标体系

生态系统服务指标体系	指标层	参数层	单位
生态系统服务供给指标	土地利用数据	土地利用分类体系中各类型	km²
	降水量	气象站点日观测降水数据	mm
	土壤保持量（t/hm²）	降雨侵蚀力因子	MJ·mm/（hm²·h）
		土壤可蚀性因子	t·hm²·h/（hm²·MJ·mm）
		坡长因子	无量纲
		坡度因子	无量纲
		植被覆盖和经营管理因子	无量纲
		水土保持措施因子	无量纲
	净初级生产力（gC/m²）	光合有效辐射	W/m²
		植被吸收光合有效辐射比率	%
		基于GPP概念的现实光能利用率	gC/MJ
		植被自养呼吸	gC/m²
生态系统服务需求指标	人类干扰指数	耕地（水田、旱地）面积	km²
		其他林地（果园）面积	km²
		水库坑塘面积	km²
		城乡/工矿/居民用地面积	km²
	人口密度（人/km²）	县级人口数	人
		各土地利用类型面积	km²

生态系统服务指标体系	指标层	参数层	单位
生态系统服务需求指标	人口密度（人 /km^2）	夜间灯光亮度	无量纲
		居民点密度	无量纲
	经济密度（元 /km^2）	县级地区生产总值	元
		土地利用类型面积	km^2
		夜间灯光亮度	无量纲
		居民点密度	无量纲
生态系统服务供需指数	生态系统服务供给指数	生态系统服务供给	元 /km^2
	生态系统服务需求指数	生态系统服务需求	无量纲

2.3.2.1　生态系统服务供需模式判定

本研究采用 Z-score 标准化方法[54, 56]对供给数据和需求数据进行标准化，以确定供需生态系统服务的匹配模式。标准化的生态系统服务供给绘制在 X 轴上，标准化的生态系统服务需求绘制在 Y 轴上，以 0 为界限，将供给和需求划分为高、低两个等级，确定生态系统服务的 4 种供需模式：高供给 - 高需求（H-H）、高供给 - 低需求（H-L）、低供给 - 高需求（L-H）、低供给 - 低需求（L-L）。

2.3.2.2　生态系统服务供需指数

将生态系统服务供给和需求的值进行标准化处理，具体公式为

$$x = \frac{x_i - \mu}{\sigma} \tag{2-17}$$

$$\mu = \frac{1}{n} \sum_{i=1}^{n} x_i \tag{2-18}$$

$$\sigma = \sqrt{\frac{1}{n}\sum_{i=1}^{n}(x_i - \mu)^2} \qquad (2\text{-}19)$$

式中：x 为标准化的供给数据或需求数据；x_i 为第 i 个评估单位的供给数据或需求数据；μ 为所有栅格的平均值；σ 为所有栅格单元的标准差；n 为栅格单元的总数。

为更清晰地描述和比较各个重点生态功能区间生态系统服务供给和需求的差异与变化，在标准化的基础上，将生态功能区生态系统服务需求和供给相减得到供需指数。供需指数反映了特定区域内生态系统所提供的服务与人类社会经济活动对这些服务需求之间的平衡状态。数值上升，意味着供需关系趋于紧张，生态压力显著增大；反之，数值降低，则表明供需关系趋于缓和，生态系统压力得到有效缓解。

供需指数计算公式如式（2-20）所示。

$$O = X_x - Y_y \qquad (2\text{-}20)$$

式中：O 为供需指数；X_x 为标准化的需求数据；Y_y 为标准化的供给数据。

为了便于显示供需指数空间分布情况，将供需指数划分为 5 个等级显示，分别为低值区（<-1.5）、较低值区（-1.5～-0.5）、中值区（-0.5～0.5）、较高值区（0.5～1.5）、高值区（>1.5）。见表 2-9。

表 2-9　生态系统服务供需指数分级标准

分级	参数层
低值区	<-1.5
较低值区	-1.5～-0.5
中值区	-0.5～0.5
较高值区	0.5～1.5
高值区	>1.5

本研究将生态系统服务供需指数变化幅度定义为一定时段内生态系统服务供需指数的变化量，计算公式为

$$K = E_{\text{end}} - E_{\text{star}} \qquad (2\text{-}21)$$

式中：E_{star}、E_{end} 为某区域研究期初和研究期末的总生态系统服务供需指数；K 为研究时段内生态系统服务供需指数的变化程度。为更清晰地刻画区域生态系统服务供需指数的变化态势，依据变化幅度的大小分为明显降低（变化幅度<-0.5）、较明显降低（-0.5～-0.1）、基本不变（-0.1～0.1）、较明显上升（0.1～0.5）以及明显上升（>0.5）5 个类型。见表 2-10。

表 2-10   生态系统服务供需指数变化程度类型的划分

变化程度	变化程度类型
<-0.5	明显降低
-0.5～-0.1	较明显降低
-0.1～0.1	基本不变
0.1～0.5	较明显上升
>0.5	明显上升

第 3 章

研究结果分析

3.1 生态系统服务供给

3.1.1 生态系统服务价值现状分析

3.1.1.1 总体状况

2020 年国家重点生态功能区的生态系统服务价值具有明显的空间分异特征。从整体的生态系统服务价值分级来看，2020 年全国重点功能区生态系统服务价值中、高值区的面积占生态功能区总面积的 41.34%，面积占比不足一半。其中，中值区面积为 $47.77 \times 10^4 \, km^2$，占生态功能区总面积的 12.65%；有 $30.32 \times 10^4 \, km^2$ 处于较高值区，占生态功能区总面积的 8.03%；高值区面积为 $78.02 \times 10^4 \, km^2$，占生态功能区总面积的 20.66%；而生态功能区服务价值均值低于 0.005，即低值区的面积为 $129.61 \times 10^4 \, km^2$，占生态功能区总面积的 34.32%；较低值区面积为 $91.92 \times 10^4 \, km^2$，占生态功能区总面积的 24.34%。生态系统服务价值总体上呈"西北低，东南高"的趋势，这与我国降水和生物量的分布是一致的。低值区主要位于我国西部荒漠及高原地区，该地区生物量较少，其生态环境本身就比较脆弱，人类活动的干扰会加剧其脆弱性，损害自然生态系统原有的功能，应对该区着重保护。高值区主要分布于我国南部的生态功能区，大部分位于湖北、重庆、陕西的交界处，江西、湖南、广东交界处，广西北部等地，这些地区降水充足，且大多是森林分布区，生物量丰富，生态功能被完美地运用，对生态环境起到有效的保护作用，应继续保持其生态保护及生态功能。

2020 年国家重点生态功能区生态系统服务价值各等级面积占比见图 3-1。图 3-2 ～ 图 3-4 分别为 2000 年、2010 年、2020 年全国重点生态功能区生态系统服务价值分布情况。

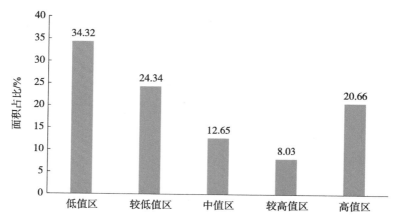

图 3-1　2020 年国家重点生态功能区生态系统服务价值各等级面积占比

3.1.1.2　各功能区状况

通过统计，2020 年国家重点功能区的生态系统服务价值指数均值情况如图 3-5 所示：25 个重点生态功能区域的生态系统服务价值大部分处于高值区和中值区状态。其中，处于高值区和较高值区的功能区分别为 10 个和 4 个，共占功能区总数的 56%；处于中值区的 2 个，占功能区总数的 8%；较低值区和低值区的个数分别为 7 个和 2 个，占功能区总数的 36%。生态系统服务价值处于高值区的功能区为海南岛中部山区热带雨林生态功能区、南岭山地森林及生物多样性生态功能区、桂黔滇喀斯特石漠化防治生态功能区、三峡库区水土保持生态功能区、大别山水土保持生态功能区、武陵山区生物多样性与水土保持生态功能区、藏东南高原边缘森林生态功能区、秦巴生物多样性生态功能区、长白山森林生态功能区、川滇森林及生物多样性生态功能区，其生态系统服务价值指数均值分别为 0.139 1、0.105 2、0.087 8、0.086 2、0.086 0、0.079 9、0.078 6、0.065 8、0.062 5、0.061 1；而处于生态系统服务价值低值区的功能区为塔里木河荒漠化防治生态功能区、阿尔金草原荒漠化防治生态功能区，其生态系统服务价值指数均值分别为 0.003 6、0.002 6。

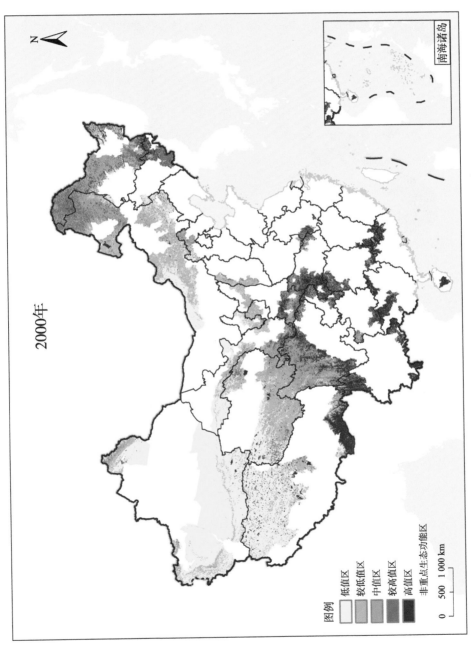

图 3-2　2000 年全国重点生态功能区生态系统服务价值分布

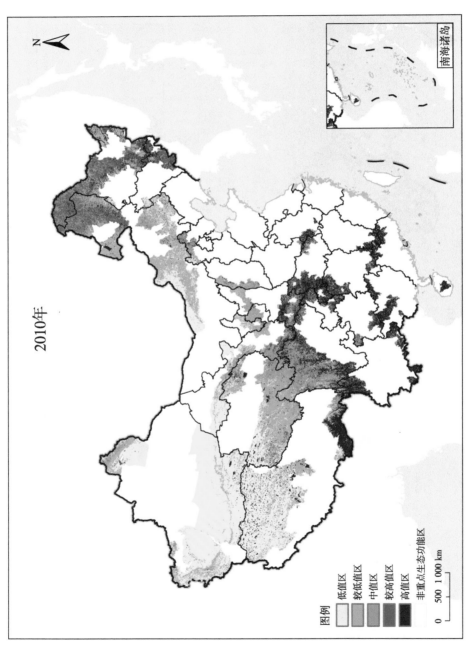

图 3-3　2010 年全国重点生态功能区生态系统服务价值分布

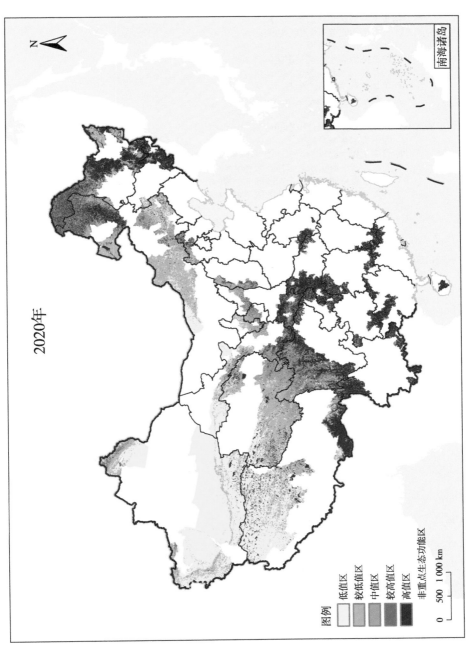

图 3-4　2020 年全国重点生态功能区生态系统服务价值值分布

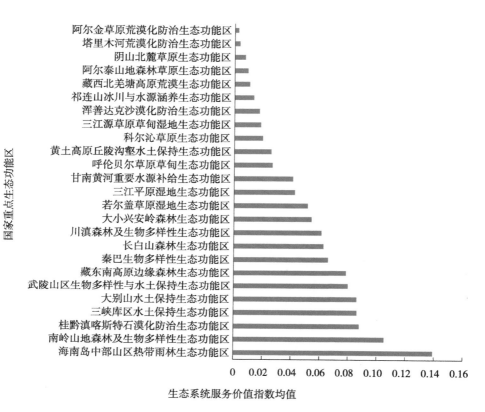

图 3-5　2020 年 25 个国家重点生态功能区生态系统服务价值指数均值

3.1.1.3　各生态功能分区状况

从 2020 年全国 4 类自然生态功能区来看（图 3-6），生态系统服务价值指数均值大小排序为水土保持型功能区＞生物多样性维护型功能区＞水源涵养型功能区＞防风固沙型功能区。其中水土保持型功能区、生物多样性维护型功能区全区均值分别为 0.059 6、0.043 0，均为较高值区；水源涵养型功能区均值为 0.037 4，为中值区；而防风固沙型功能区的生态系统服务价值指数均值仅为 0.008 2，处于较低值区，生态系统服务功能较差，应重点保护。

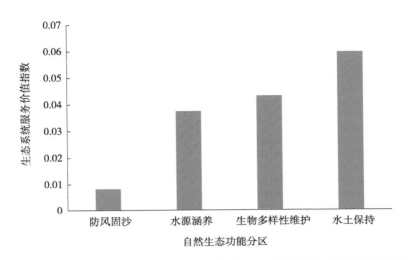

图 3-6　2020 年全国重点生态功能区各自然生态功能分区生态系统服务价值

3.1.1.4　各省份状况

从重点生态功能区所在省份来看（图 3-7），重点生态功能区所在省份共 25 个，生态系统服务价值处于高值区的有 12 个，占省级行政区总数的 48%。其中，生态系统服务价值最高的 5 个省级行政区为福建、海南、广东、江西、云南，生态系统服务价值均值分别为 0.151 0、0.139 1、0.116 2、0.112 1、0.097 0；生态系统服务价值均值处于较高值区的有 4 个，占省级行政区总数的 16%，这 4 个省级行政区为吉林、黑龙江、四川、陕西，生态系统服务价值均值分别为 0.059 6、0.056 2、0.055 1、0.052 9；生态系统服务价值均值处于中值区的有 6 个，分别为河北、山西、辽宁、内蒙古、甘肃、西藏，生态系统服务价值均值分别为 0.032 7、0.031 8、0.031 0、0.026 1、0.024 7、0.022 0；生态系统服务价值均值处于较低值区和低值区的共 3 个，分别为青海、宁夏、新疆，生态系统服务价值均值分别为 0.018 5、0.016 4、0.004 0。

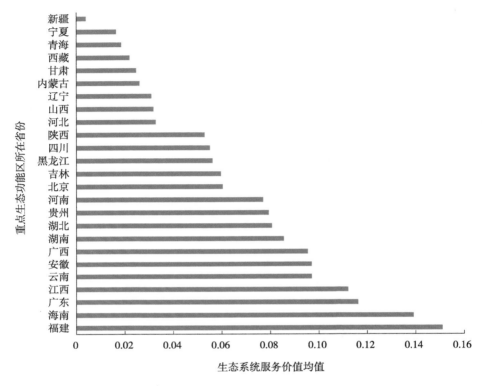

图 3-7　2020 年重点生态功能区所在省份生态系统服务价值均值

3.1.2　生态系统服务价值变化分析

3.1.2.1　生态系统服务价值总体变化

2000—2020 年，国家重点生态功能区生态系统服务价值均值由 0.022 4 增加到 0.031 7。生态系统服务价值增加（变化幅度＞1%）的面积为 113.41 × 10^4 km²，占重点生态功能区总面积的 30.03%，其中较明显增加和明显增加的面积分别占重点生态功能区总面积的 26.52% 和 3.51%；而生态系统服务价值减少的区域占重点生态功能区总面积的 3.35%，为 12.65 × 10^4 km²，其中生态系统服务价值明显减少的面积仅占区域总面积的 0.83%。

　　2010 年国家重点生态功能区开始实施转移支付，政策实行后生态系统服务价值增速明显提升。其中，2000—2010 年，国家重点生态功能区实施转移支付前，生态系统服务价值均值由 0.022 4 增加到 0.023 8。生态系统服务价值基本保持不变的面积为 $349.70 \times 10^4 \, \text{km}^2$，占重点生态功能区总面积的 92.60%；生态系统服务价值增加（变化幅度＞1%）的面积为 $18.88 \times 10^4 \, \text{km}^2$，占重点生态功能区总面积的 5%，其中较明显增加和明显增加的面积分别占重点生态功能区总面积的 4.83% 和 0.17%；而生态系统服务价值减少的区域占重点生态功能区总面积的 2.40%，为 $9.06 \times 10^4 \, \text{km}^2$，其中生态系统服务价值明显减少的面积仅占区域总面积的 0.09%。2010—2020 年，国家重点生态功能区实施转移支付后，生态系统服务价值均值由 0.023 8 增加到 0.031 7。生态系统服务价值基本保持不变的面积为 $264.05 \times 10^4 \, \text{km}^2$，占重点生态功能区总面积的 69.92%；生态系统服务价值增加（变化幅度＞1%）的面积为 $100.34 \times 10^4 \, \text{km}^2$，占重点生态功能区总面积的 26.57%，其中较明显增加和明显增加的面积分别占区域总面积的 23.53% 和 3.04%；而生态系统服务价值减少的区域占重点生态功能区总面积的 3.51%，为 $13.26 \times 10^4 \, \text{km}^2$，其中生态系统服务价值明显减少的面积仅占区域总面积的 0.97%。

　　从生态系统服务价值变化空间分布格局来看，生态系统服务价值呈增加状态的区域主要分布于我国中部及南部地区和内蒙古中部地区，可能与这些地区实施退牧还草工程等有关，生态工程有效提升了生态系统保持水土、减少侵蚀、涵养水源等能力。而云南北部和西藏南部、中西部部分地区则呈较明显减少趋势，可能与农牧业发展带来的土地利用类型转变有关，土地开垦使湿地、草地、林地向农田转化，导致生态系统服务价值减少。

　　2000—2020 年，从生态系统服务价值分级来看，重点生态功能区的整体生态系统服务等级有所提升，具体表现为"高值区的面积增加，中值区、较高值区面积减少，较低值区面积增加，低值区的面积明显减少"。其中高值区的面积增加 $31.76 \times 10^4 \, \text{km}^2$，占生态功能区总面积的 8.41%；较高值区、中值区面积稍有减少，分别减少了 $11.33 \times 10^4 \, \text{km}^2$、$16.24 \times 10^4 \, \text{km}^2$，分别占生态功能区总面积的 3%、4.3%；而低值区面积明显减少，减少了 36.18 ×

$10^4\ \mathrm{km}^2$，占重点生态功能区总面积的 9.58%，较低值区面积增加了 $31.99\times$
$10^4\ \mathrm{km}^2$，占重点生态功能区总面积的 8.47%。

2000—2010 年较高值区的面积增加 $3.02\times10^4\ \mathrm{km}^2$，占重点生态功能区总面积的 0.80%；较低值区面积明显增加，增加的面积为 $34.44\times10^4\ \mathrm{km}^2$，占重点生态功能区总面积的 9.12%；而高值区、中值区面积稍有减少，分别减少了 $0.42\times10^4\ \mathrm{km}^2$、$11.40\times10^4\ \mathrm{km}^2$，分别占重点生态功能区总面积的 0.11%、3.02%；低值区面积明显减少，减少了 $25.64\times10^4\ \mathrm{km}^2$，占重点生态功能区总面积的 6.79%。

国家重点生态功能区实施转移支付后，高值区面积明显增加。2010—2020 年，高值区面积增加了 $32.18\times10^4\ \mathrm{km}^2$，占重点生态功能区总面积的 8.52%，低值区、较低值区、中值区、较高值区面积均减少，减少面积分别占重点生态功能区总面积的 2.79%、0.65%、1.28%、3.80%。这说明生态系统服务价值低值区的区域正向高值区转变，生态系统服务价值明显提升。总体来说，实施转移支付的 10 年来，国家重点生态功能区的生态系统服务价值明显提高，生态保护成效显著，见图 3-8、图 3-9、表 3-1 ～ 表 3-3。

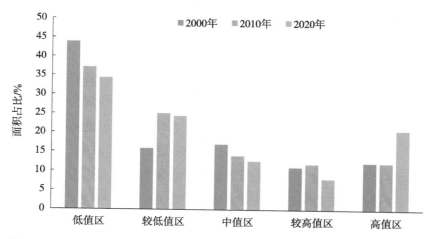

图 3-8　2000—2020 年国家重点生态功能区生态系统服务价值各等级面积占比

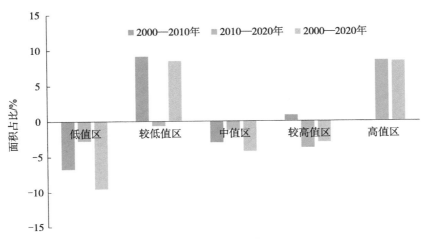

图 3-9 2000—2020 年国家重点生态功能区生态系统服务价值各等级面积占比变化

表 3-1 2000—2020 年重点生态功能区各等级面积及占比

分级	2000 年		2010 年		2020 年	
	面积 /km²	占比 /%	面积 /km²	占比 /%	面积 /km²	占比 /%
低值区	1 657 844	43.90	1 401 425	37.11	1 296 063	34.32
较低值区	599 316	15.87	943 725	24.99	919 178	24.34
中值区	640 101	16.95	526 054	13.93	477 716	12.65
较高值区	416 538	11.03	446 749	11.83	303 246	8.03
高值区	462 610	12.25	458 456	12.14	780 206	20.66
总计	3 776 409	100	3 776 409	100	3 776 409	100

表 3-2 2000—2020 年重点生态功能区各等级生态价值变化

分级	2000—2010 年		2010—2020 年		2000—2020 年	
	面积 /km²	占比 /%	面积 /km²	占比 /%	面积 /km²	占比 /%
低值区	−256 419	−6.79	−105 362	−2.79	−361 781	−9.58
较低值区	344 409	9.12	−24 547	−0.65	319 862	8.47
中值区	−114 047	−3.02	−48 338	−1.28	−162 385	−4.30
较高值区	30 211	0.80	−143 503	−3.80	−113 292	−3.00
高值区	−4 154	−0.11	321 750	8.52	317 596	8.41

表 3-3 2000—2020 年重点生态功能区生态价值变化程度

变化程度类型	2000—2010 年		2010—2020 年		2000—2020 年	
	面积 /km²	占比 /%	面积 /km²	占比 /%	面积 /km²	占比 /%
明显减少	3 399	0.09	36 631	0.97	31 344	0.83
较明显减少	87 235	2.31	95 921	2.54	95 166	2.52
基本持衡	3 496 955	92.60	2 640 465	69.92	2 515 844	66.62
较明显增加	182 400	4.83	888 589	23.53	1 001 504	26.52
明显增加	6 420	0.17	114 803	3.04	132 552	3.51
总计	3 776 409	100	3 776 409	100	3 776 410	100

3.1.2.2 各功能区生态系统服务价值变化

2000—2020 年，国家重点生态功能区生态系统服务价值 25 个功能区均呈增加状态。生态系统服务价值增加幅度大于 1% 的有 16 个，占重点生态功能区总数的 64%，呈较明显增加趋势。其中武陵山区生物多样性与水土保持生态功能区、三峡库区水土保持生态功能区、大别山水土保持生态功能区增加最多，分别增加了 2.42%、2.52%、3.60%。

2000—2010 年，国家重点生态功能区生态系统服务价值减少的功能区有 5 个，分别为南岭山地森林及生物多样性生态功能区、桂黔滇喀斯特石漠化防治生态功能区、海南岛中部山区热带雨林生态功能区、藏东南高原边缘森林生态功能区、阿尔泰山地森林草原生态功能区，生态系统服务价值减少幅度均小于 1%，处于基本持衡状态；大别山水土保持生态功能区，生态系统服务价值增加幅度为 1%，其余功能区生态系统服务价值增加幅度均小于 1%。

2010—2020 年，实施转移支付后，国家重点生态功能区生态系统服务价值增加幅度大于 1%，呈较明显增加趋势的有 13 个，占重点生态功能区总数的 52%，分别为甘南黄河重要水源补给生态功能区、若尔盖草原湿地生态功能区、藏东南高原边缘森林生态功能区、川滇森林及生物多样性生态功能区、秦巴生物多样性生态功能区、大小兴安岭森林生态功能区、长白山森林生态

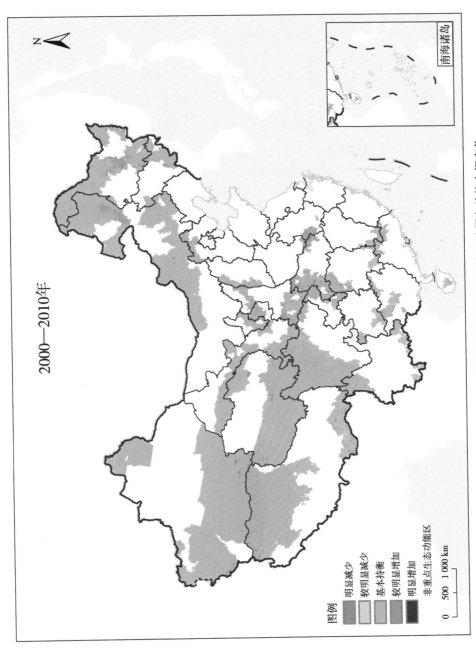

图 3-10　2000—2010 年国家重点生态功能区生态系统服务价值空间变化

图例

明显减少
较明显减少
基本持衡
较明显增加
明显增加
非重点生态功能区

0　　500　1 000 km

2000—2010年

南海诸岛

N

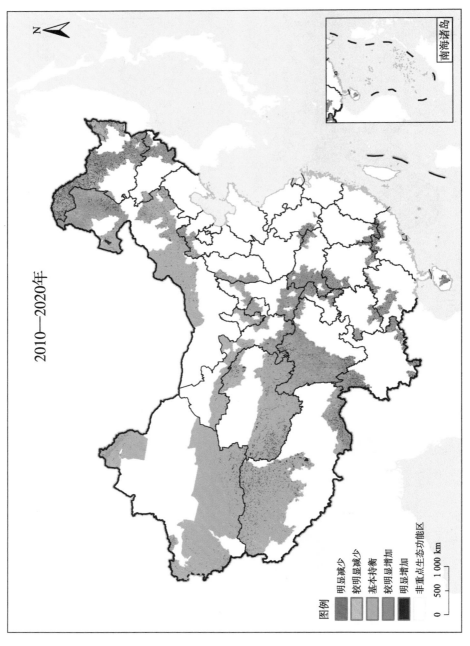

图 3-11 2010—2020 年国家重点生态功能区生态系统服务价值空间变化

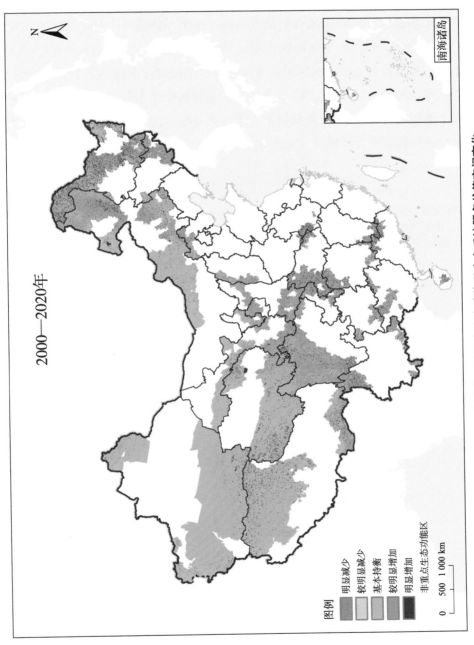

2000—2020 年

图例
明显减少
较明显减少
基本持衡
较明显增加
明显增加
非重点生态功能区

0 500 1 000 km

图 3-12 2000—2020 年国家重点生态功能区生态系统服务价值空间变化

功能区、武陵山区生物多样性与水土保持生态功能区、桂黔滇喀斯特石漠化防治生态功能区、南岭山地森林及生物多样性生态功能区、三峡库区水土保持生态功能区、海南岛中部山区热带雨林生态功能区、大别山水土保持生态功能区；其余重点生态功能区生态系统服务价值增加幅度均小于1%，呈基本持衡状态。2010—2020年，25个重点生态功能区中生态功能区生态系统服务价值呈增加趋势。可见10年间国家重点生态功能区生态环境保护较好，生态系统服务功能服务逐渐提升。见图3-10～图3-13、表3-4。

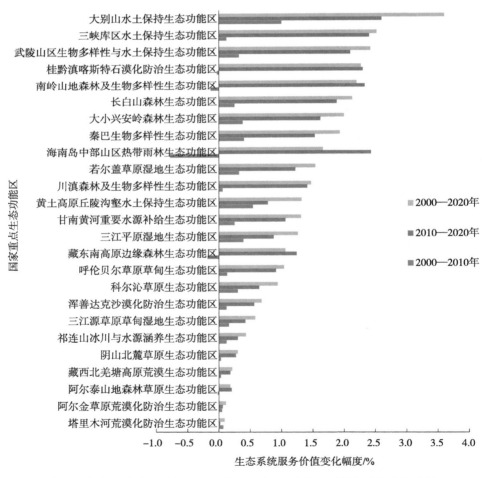

图 3-13　2000—2020 年国家重点生态功能区生态系统服务价值变化趋势

表 3-4　2000—2020 年全国重点生态功能区生态系统服务价值变化

功能区名称	2000 年均值	2010 年均值	2020 年均值	2000—2010 年变化幅度 /%	2010—2020 年变化幅度 /%	2000—2020 年变化幅度 /%
阿尔金草原荒漠化防治生态功能区	0.001 5	0.002 0	0.002 6	0.05	0.06	0.11
阿尔泰山地森林草原生态功能区	0.007 5	0.007 3	0.009 3	-0.02	0.20	0.18
藏东南高原边缘森林生态功能区	0.068 0	0.066 2	0.078 6	-0.18	1.24	1.06
藏西北羌塘高原荒漠生态功能区	0.008 4	0.008 7	0.010 6	0.03	0.19	0.22
川滇森林及生物多样性生态功能区	0.046 4	0.047 0	0.061 1	0.06	1.41	1.47
大别山水土保持生态功能区	0.050 0	0.060 0	0.086 0	1.00	2.60	3.60
大小兴安岭森林生态功能区	0.034 1	0.037 9	0.054 1	0.38	1.62	2.00
甘南黄河重要水源补给生态功能区	0.027 9	0.030 5	0.041 1	0.26	1.06	1.32
桂黔滇喀斯特石漠化防治生态功能区	0.065 1	0.064 8	0.087 8	-0.03	2.30	2.27
海南岛中部山区热带雨林生态功能区	0.122 5	0.114 7	0.139 1	-0.78	2.44	1.66
呼伦贝尔草原草甸生态功能区	0.016 4	0.017 6	0.026 8	0.12	0.92	1.04
黄土高原丘陵沟壑水土保持生态功能区	0.012 6	0.018 1	0.025 9	0.55	0.78	1.33
浑善达克沙漠化防治生态功能区	0.010 7	0.011 9	0.017 5	0.12	0.56	0.68
科尔沁草原生态功能区	0.010 4	0.013 4	0.019 8	0.30	0.64	0.94

续表

功能区名称	2000年均值	2010年均值	2020年均值	2000—2010年变化幅度/%	2010—2020年变化幅度/%	2000—2020年变化幅度/%
南岭山地森林及生物多样性生态功能区	0.083 2	0.081 9	0.105 2	−0.13	2.33	2.20
祁连山冰川与水源涵养生态功能区	0.009 1	0.010 4	0.013 4	0.13	0.30	0.43
秦巴生物多样性生态功能区	0.046 5	0.050 5	0.065 8	0.40	1.53	1.93
若尔盖草原湿地生态功能区	0.036 0	0.039 2	0.051 4	0.32	1.22	1.54
三江平原湿地生态功能区	0.029 8	0.033 7	0.042 4	0.39	0.87	1.26
三江源草原草甸湿地生态功能区	0.012 6	0.014 2	0.018 4	0.16	0.42	0.58
三峡库区水土保持生态功能区	0.061 0	0.062 2	0.086 2	0.12	2.40	2.52
塔里木河荒漠化防治生态功能区	0.002 7	0.003 3	0.003 6	0.06	0.03	0.09
武陵山区生物多样性与水土保持生态功能区	0.055 7	0.058 9	0.079 9	0.32	2.10	2.42
阴山北麓草原生态功能区	0.004 4	0.004 7	0.007 5	0.03	0.28	0.31
长白山森林生态功能区	0.041 3	0.043 8	0.062 5	0.25	1.87	2.12

3.1.2.3　生态功能分区生态服务价值变化

从重点生态功能区来看，2000—2020年生态系统服务价值均呈增加趋势，其增幅从高到低依次是水土保持型生态功能区、水源涵养型生态功能区、生物多样性维护型生态功能区、防风固沙型生态功能区（图3-14、表3-5），增加幅度分别为 2.04%、1.21%、1.02%、0.33%。其中水土保持型功能区、水源涵养型功能区、生物多样性维护型功能区均呈较明显增加状态，说明 20 年间水土保持工作实施效果较好，生态系统服务功能得到提升。

其中，2000—2010 年生态系统服务价值基本持衡，增幅从高到低依次是水土保持型生态功能区、水源涵养型生态功能区、防风固沙型生态功能区、生物多样性维护型生态功能区，增加幅度分别为 0.37%、0.20%、0.10%、0.09%。2010—2020 年水土保持型生态功能区、水源涵养型生态功能区生态系统服务价值呈较明显增加，分别增加 1.67%、1.01%；生物多样性维护型生态功能区、防风固沙型生态功能区基本持衡，分别增加 0.93%、0.23%（见表 3-5 ）。

20 年间我国实行了水土保持、退耕还林、防沙治沙等多项生态建设工程，由生态功能区服务价值的提高可见，生态保护措施成效显著，有效地保证了重点生态功能区特有生态功能的发挥。

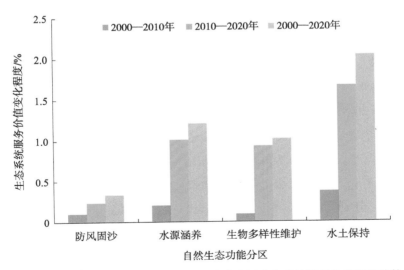

图 3-14　2000—2020 年国家自然生态功能分区生态系统服务价值变化趋势

表 3-5　2000—2020 年国家自然生态功能分区生态系统服务价值变化趋势

功能区类型	2000 年均值	2010 年均值	2020 年均值	2000—2010 年变化幅度 /%	2010—2020 年变化幅度 /%	2000—2020 年变化幅度 /%
防风固沙	0.004 9	0.005 9	0.008 2	0.10	0.23	0.33
水源涵养	0.025 3	0.027 3	0.037 4	0.20	1.01	1.21
生物多样性维护	0.032 8	0.033 7	0.043 0	0.09	0.93	1.02
水土保持	0.039 2	0.042 9	0.059 6	0.37	1.67	2.04

3.1.2.4　各省份生态服务价值变化

从各省份来看，2000—2020 年，各省份国家重点生态功能区生态系统服务价值均呈增加状态。各省级行政区生态系统服务价值增加幅度大于 1% 的有 19 个，呈较明显增加趋势。其中安徽、河南、福建、江西、北京增加幅度最高，分别为 3.77%、3.57%、2.83%、2.56%、2.54%。各省级行政区生态系统服务价值增加幅度小于 1% 的有 6 个，呈基本持衡态势，分别为内蒙古、甘肃、宁夏、青海、西藏、新疆，增加幅度分别为 0.95%、0.87%、0.85%、0.58%、0.35%、0.12%。见图 3-15、表 3-6。

2000—2010 年，各省份国家重点生态功能区生态系统服务价值呈增加趋势的有 19 个。其中生态系统服务价值增加幅度大于 1% 的有 2 个，呈较明显增加趋势，分别为北京、河南，其生态系统服务价值增加幅度分别为 1.06%、1.23%；各省份生态系统服务价值增加幅度小于等于 1% 的有 17 个，呈基本持衡态势，分别为安徽、江西、贵州、新疆、青海、四川、内蒙古、甘肃、吉林、湖南、辽宁、黑龙江、湖北、宁夏、河北、山西、陕西；各省份国家重点生态功能区生态系统服务价值呈减少趋势的有 6 个，分别为海南、福建、云南、广西、广东、西藏，分别减少 0.78%、0.75%、0.25%、0.09%、0.02%、0.01%。

2010—2020 年，各省份国家重点生态功能区生态系统服务价值均呈增加态势。各省份生态系统服务价值增加幅度大于 1% 的有 17 个，呈较明显增加趋势。其中海南、广东、江西、安徽、福建增加幅度最高，分别为 2.44%、2.44%、2.55%、2.77%、3.58%。各省份生态系统服务价值增加幅度小于 1% 的有 8 个，呈基本持衡态势，分别为新疆、西藏、青海、宁夏、甘肃、内蒙古、山西、河北，增加幅度分别为 0.07%、0.36%、0.42%、0.48%、0.66%、0.75%、0.89%、0.89%。

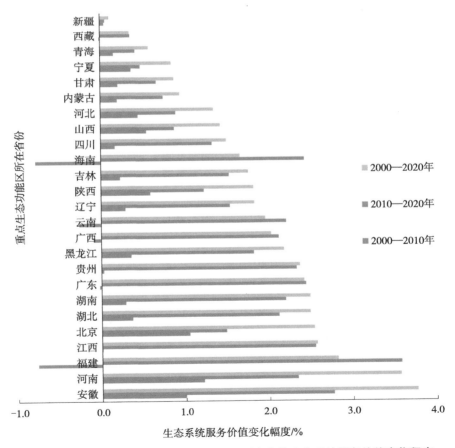

图 3-15　2000—2020 年重点生态功能区所在省份生态系统服务价值变化程度

表 3-6 2000—2020 年重点生态功能区所在省份生态系统服务价值变化程度

省份	2000 年均值	2010 年均值	2020 年均值	2000—2010 年变化幅度 /%	2010—2020 年变化幅度 /%	2000—2020 年变化幅度 /%
内蒙古	0.016 6	0.018 6	0.026 1	0.20	0.75	0.95
吉林	0.042 0	0.044 3	0.059 6	0.23	1.53	1.76
北京	0.034 9	0.045 5	0.060 3	1.06	1.48	2.54
山西	0.017 4	0.022 9	0.031 8	0.55	0.89	1.44
陕西	0.034 7	0.040 6	0.052 9	0.59	1.23	1.82
青海	0.012 7	0.014 3	0.018 5	0.16	0.42	0.58
河南	0.041 2	0.053 5	0.076 9	1.23	2.34	3.57
安徽	0.059 2	0.069 2	0.096 9	1.00	2.77	3.77
湖北	0.055 7	0.059 4	0.080 6	0.37	2.12	2.49
湖南	0.060 6	0.063 5	0.085 5	0.29	2.20	2.49
江西	0.086 5	0.086 6	0.112 1	0.01	2.55	2.56
云南	0.077 4	0.074 9	0.097 0	−0.25	2.21	1.96
贵州	0.055 5	0.055 9	0.079 2	0.04	2.33	2.37
广东	0.092 0	0.091 8	0.116 2	−0.02	2.44	2.42
海南	0.122 5	0.114 7	0.139 1	−0.78	2.44	1.66
辽宁	0.012 7	0.015 5	0.031 0	0.28	1.55	1.83
四川	0.040 1	0.041 8	0.055 1	0.17	1.33	1.50
河北	0.019 2	0.023 8	0.032 7	0.46	0.89	1.35
新疆	0.002 8	0.003 3	0.004 0	0.05	0.07	0.12
宁夏	0.007 9	0.011 6	0.016 4	0.37	0.48	0.85
福建	0.122 7	0.115 2	0.151 0	−0.75	3.58	2.83
黑龙江	0.034 4	0.038 0	0.056 2	0.36	1.82	2.18
甘肃	0.016 0	0.018 1	0.024 7	0.21	0.66	0.87
西藏	0.018 5	0.018 4	0.022 0	−0.01	0.36	0.35
广西	0.075 1	0.074 2	0.095 4	−0.09	2.12	2.03

3.2　生态系统服务需求

3.2.1　生态系统服务需求现状分析

3.2.1.1　土地利用现状

从 2020 年全国国家重点生态功能区土地利用遥感监测结果来看，草地面积最多，为 $136.22 \times 10^4 \, km^2$，占国家重点生态功能区总面积的 36.07%；未利用土地排第二，为 $106.95 \times 10^4 \, km^2$，占国家重点生态功能区总面积的 28.32%；林地面积为 $88.02 \times 10^4 \, km^2$，占国家重点生态功能区总面积的 23.31%；耕地面积少于草地、未利用土地和林地，排第四，为 $33.54 \times 10^4 \, km^2$，占国家重点生态功能区总面积的 8.88%；水域面积为 $10.97 \times 10^4 \, km^2$，占国家重点生态功能区总面积的 2.90%；建筑用地面积最少，为 $1.05 \times 10^4 \, km^2$，仅占国家重点生态功能区总面积的 0.52%。见图 3-16。

从空间分布上看，草地主要分布在内蒙古和青海地区，耕地主要分布在黑龙江东部，林地主要分布在我国东北地区和南部地区，未利用地主要分布在新疆地区的阿尔金草原荒漠化防治生态功能区；水域和建筑用地面积较小，分布较零散。2000 年、2010 年、2020 年的国家重点生态功能区土地利用空间分布见图 3-17～图 3-19。

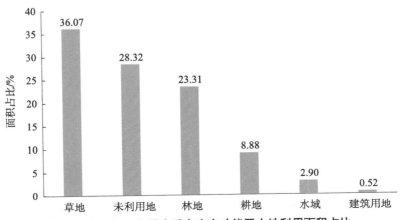

图 3-16　2020 年国家重点生态功能区土地利用面积占比

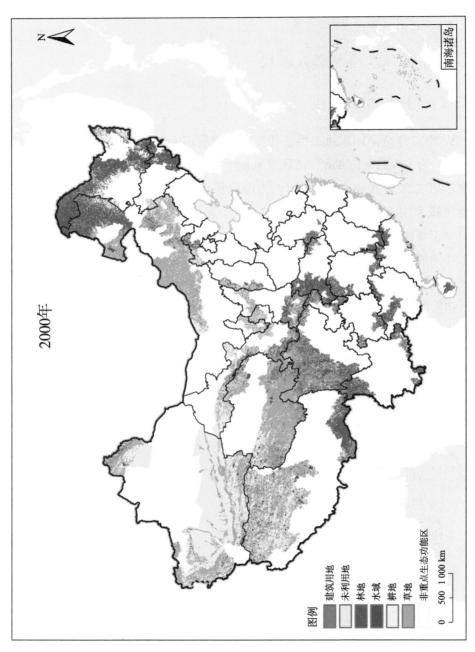

图 3-17 2000 年国家重点生态功能区土地利用空间分布

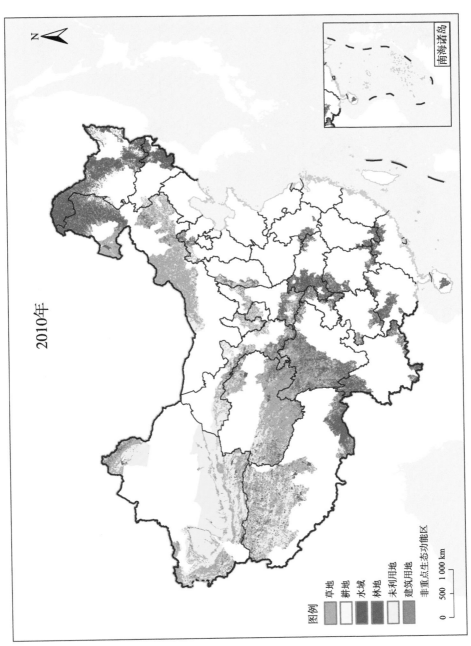

图 3-18　2010 年国家重点生态功能区土地利用空间分布

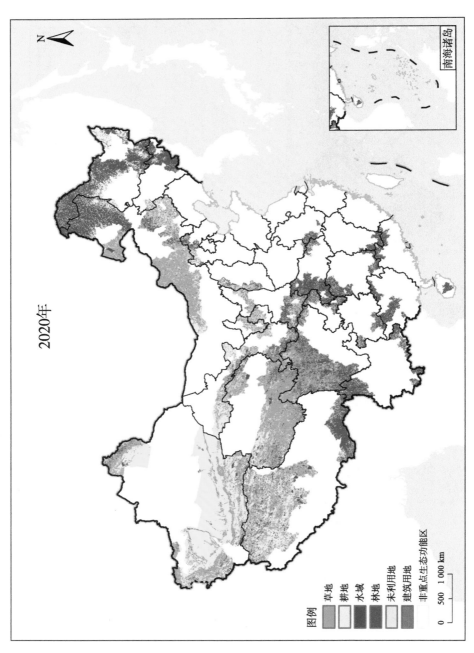

图 3-19　2020 年国家重点生态功能区土地利用空间分布

3.2.1.2　人类干扰现状

3.2.1.2.1　总体状况

国家重点生态功能区的人类活动干扰普遍存在，但多数区域受干扰程度较低，根据人类干扰指数的分级呈现全国 25 个国家重点生态功能区的人类干扰程度。

从整体来看，2020 年，25 个重点生态功能区人类干扰指数低于 0.1（处于轻度干扰程度）的面积为 $334.00 \times 10^4 \, km^2$，占国家重点生态功能区总面积的 88.44%；较轻度干扰程度的面积为 $40.13 \times 10^4 \, km^2$，占重点生态功能区总面积的 10.63%；中度干扰程度的面积为 $2.53 \times 10^4 \, km^2$，占重点生态功能区总面积的 0.67%；有 $0.57 \times 10^4 \, km^2$ 处于较重度干扰状态，占重点生态功能区总面积的 0.15%；重度干扰程度的面积为 $0.41 \times 10^4 \, km^2$，占重点生态功能区总面积的 0.11%（图 3-23）。人类干扰程度较大的区域主要集中在东北三省，京津唐等环渤海湾地区，宁夏、陕西与山西交界处等城镇和农田分布较多的区域，而国家重点生态功能区内，人类活动强度高的区域分布面积较小，且比较集中，有利于这些地区的生物多样性保护。

2000 年、2010 年、2020 年的国家重点生态功能区人类干扰指数空间分布见图 3-20～图 3-22。

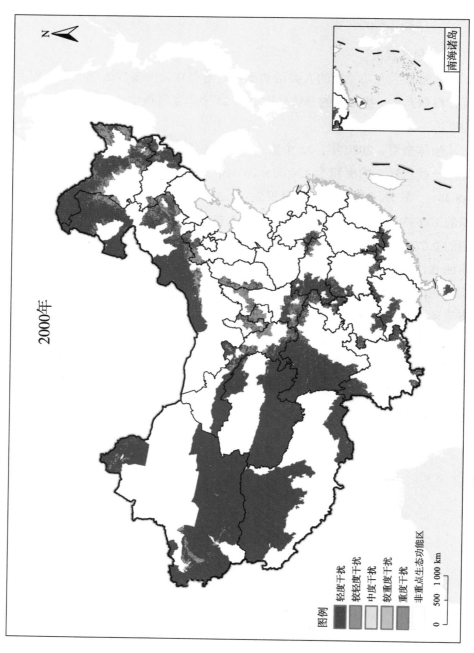

图3-20 2000年国家重点生态功能区人类干扰指数空间分布

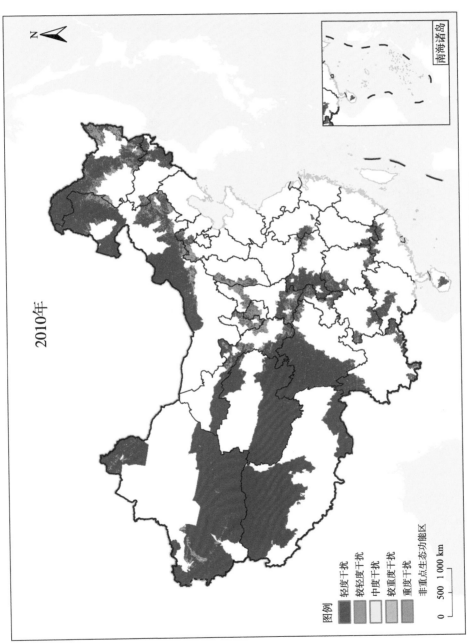

图 3-21 2010 年国家重点生态功能区人类干扰指数空间分布

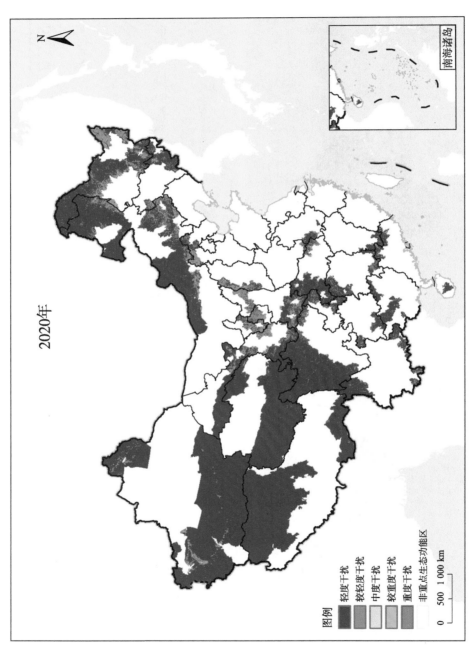

图 3-22　2020 年国家重点生态功能区人类干扰指数空间分布

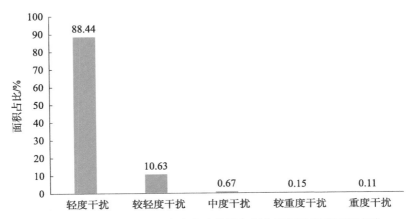

图 3-23　2020 年国家重点生态功能区各级人类干扰程度面积占比

3.2.1.2.2　各功能区状况

通过统计各重点生态功能区的人类干扰指数均值得出以下结果：轻度干扰的重点生态功能区最多，共 21 个，占国家重点生态功能区总数的 84%；较轻度干扰 4 个，占国家重点生态功能区总数的 16%。人类干扰程度较大的重点生态功能区域为三江平原湿地生态功能区、黄土高原丘陵沟壑水土保持生态功能区、大别山水土保持生态功能区、科尔沁草原生态功能区，人类干扰指数分别为 0.144 2、0.125 3、0.102 2、0.101 1；阿尔泰山地森林草原生态功能区、塔里木河荒漠化防治生态功能区、藏西北羌塘高原荒漠生态功能区、藏东南高原边缘森林生态功能区、阿尔金草原荒漠化防治生态功能区等人类干扰程度则非常小，人类干扰指数分别为 0.036 8、0.031 7、0.028 8、0.018 6、0.015 8。见图 3-24。

从各重点生态功能区人类干扰尺度分级来看，25 个重点生态功能区的人类干扰程度大部分处于轻度干扰状态，少部分区域处于较轻度干扰状态，无重点生态功能区处于中度干扰、较重度干扰、重度干扰状态。说明全国国家重点生态功能区人类干扰程度较低，生态保护各项措施积极促进了生物多样性保护。

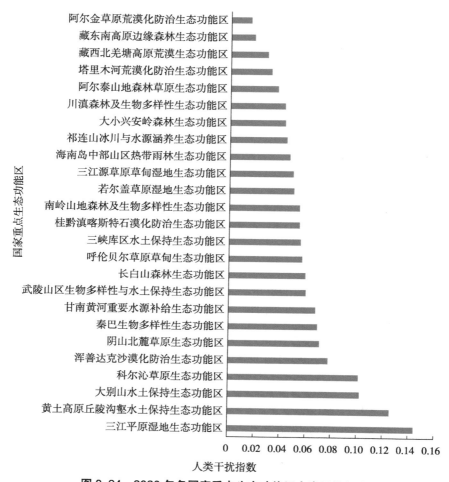

图 3-24　2020 年各国家重点生态功能区人类干扰程度

3.2.1.2.3　各生态功能分区状况

从 2020 年全国 4 类自然生态功能分区来看，人类干扰指数均值大小排序为水土保持型功能区＞水源涵养型功能区＞防风固沙型功能区＞生物多样性维护型功能区，分别为 0.092 4、0.047 1、0.044 8、0.043 3（图 3-25）。

3.2.1.2.4　各省份状况

从重点生态功能区所在省份来看，轻度干扰（人类干扰指数＜0.1）的重点生态功能区个数最多，共 20 个省份，其中人类干扰程度较大的省份分别为

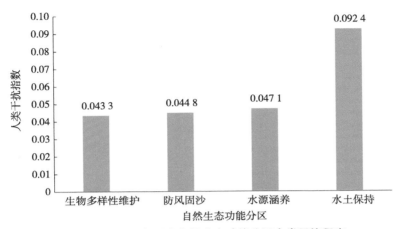

图 3-25　2020 年国家自然生态功能分区人类干扰程度

陕西、安徽、黑龙江、甘肃、湖南，人类干扰指数分别为 0.090 1、0.072 1、0.071 5、0.070 1、0.065 2；人类干扰程度最小的省份分别为广西、北京、福建、西藏、新疆，人类干扰指数分别为 0.040 3、0.038 3、0.036 4、0.027 1、0.025 8。处于较轻度干扰（0.1＜人类干扰指数＜0.3）的有 5 个省份，分别为辽宁、宁夏、河北、山西、河南，人类干扰指数分别为 0.163 1、0.137 1、0.118 1、0.111 7、0.102 4。见图 3-26。

3.2.1.3　生态系统服务需求现状

3.2.1.3.1　总体状况

2020 年国家重点生态功能区的生态系统服务需求具有明显的空间分异特征。从整体的生态系统服务需求分级来看，2020 年全国重点功能区生态系统服务需求中高值区的面积占重点生态功能区总面积的 0.35%，面积占比较小。其中，中值区面积为 $0.91 \times 10^4 \, km^2$，占重点生态功能区总面积的 0.24%；有 $0.23 \times 10^4 \, km^2$ 处于较高值区，占重点生态功能区总面积的 0.06%；高值区面积为 $0.19 \times 10^4 \, km^2$，占重点生态功能区总面积的 0.05%；而生态功能区生态系统服务需求低于 0.04 即低值区的面积为 $364.76 \times 10^4 \, km^2$，占重点生态功能区总面积的 96.59%；较低值区面积为 $11.56 \times 10^4 \, km^2$，占重点生态功能区总面积的 3.06%。生态系统服务需求总体上呈"西北低，东南高"的趋势。见图 3-27。

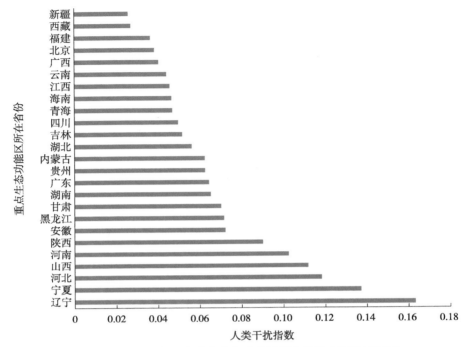

图 3-26　2020 年国家重点生态功能区所在省份人类干扰程度

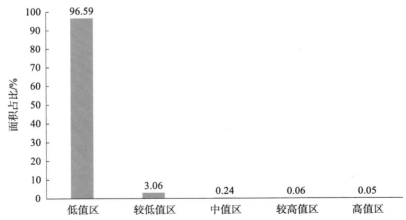

图 3-27　2020 年国家重点生态功能区生态系统服务需求各等级面积占比

2000 年、2010 年、2020 年的国家重点生态功能区生态系统服务需求分布见图 3-28～图 3-30。

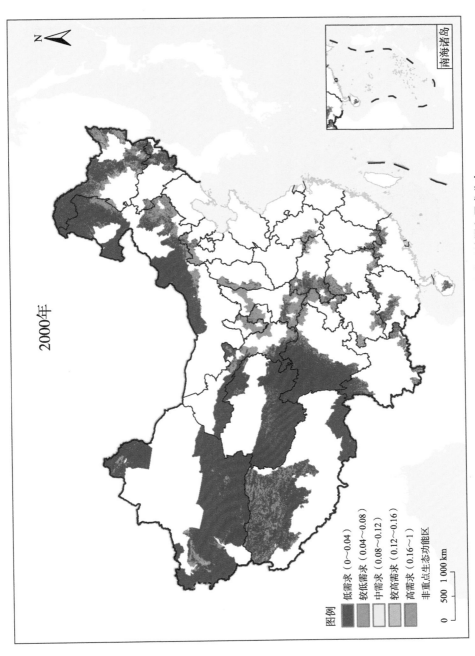

图 3-28　2000 年国家重点生态功能区生态系统服务需求分布

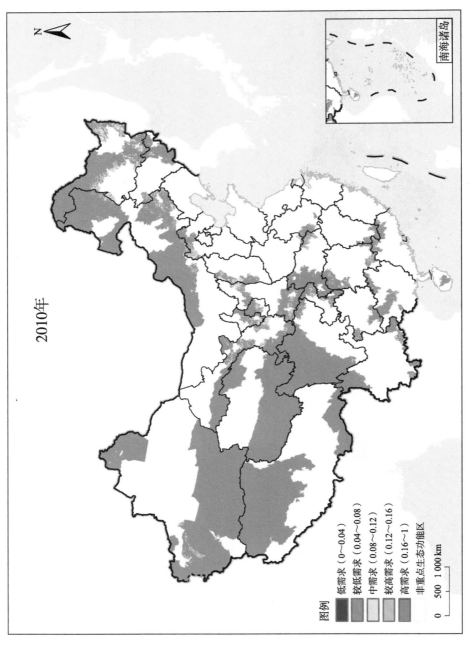

2010年

图 3-29　2010 年国家重点生态功能区生态系统服务需求分布

图例
低需求（0～0.04）
较低需求（0.04～0.08）
中需求（0.08～0.12）
较高需求（0.12～0.16）
高需求（0.16～1）
非重点生态功能区

0　500　1 000 km

南海诸岛

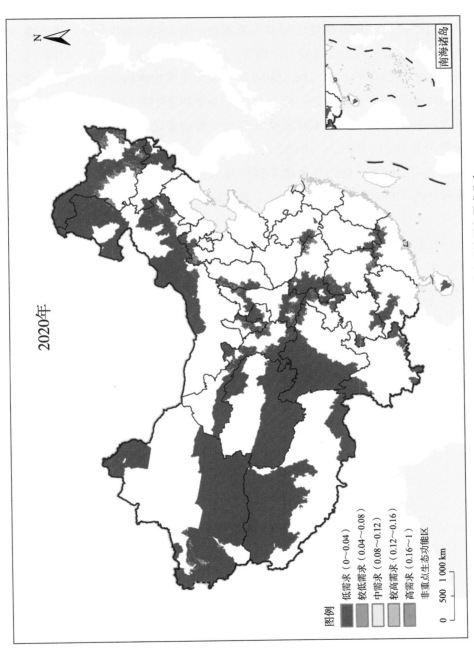

图 3-30　2020 年国家重点生态功能区生态系统服务需求分布

3.2.1.3.2 各功能区状况

通过统计，各重点功能区的生态系统服务需求均值结果如下：25 个重点生态功能区域的生态系统服务需求均处于低值区状态（图 3-31）。其中，生态系统服务需求最小的 5 个功能区为阿尔金草原荒漠化防治生态功能区、藏东南高原边缘森林生态功能区、藏西北羌塘高原荒漠生态功能区、呼伦贝尔草原草甸生态功能区、三江源草原草甸湿地生态功能区，生态系统服务需求指数分别为 0.012 7、0.012 8、0.012 8、0.013 4、0.013 5；生态系统服务需求最大的 5 个功能区为武陵山区生物多样性与水土保持生态功能区、三峡库区水土保持生态功能区、三江平原湿地生态功能区、黄土高原丘陵沟壑水土保持

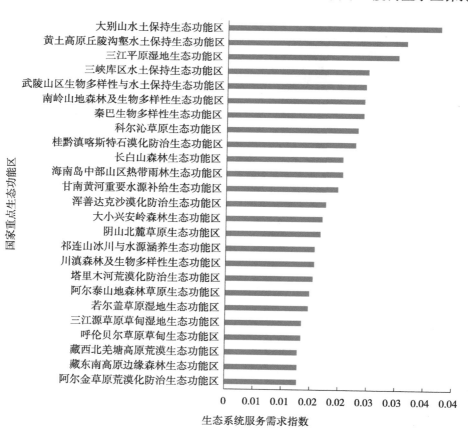

图 3-31 2020 年国家重点生态功能区生态系统服务需求状况

生态功能区、大别山水土保持生态功能区，生态系统服务需求指数分别为
0.024 4、0.024 9、0.030 1、0.031 6、0.037 6。

3.2.1.3.3　各生态功能分区状况

从 2020 年全国 4 类自然生态功能区来看（图 3-32），生态系统服务需求
指数均值大小排序为水土保持型功能区＞生物多样性维护型功能区＞水源涵
养型功能区＞防风固沙型功能区。其中水土保持型功能区全区均值为 0.028 8，
生物多样性维护型功能区、水源涵养型功能区的全区均值分别为 0.016 4、
0.016 3，相差不大；防风固沙型功能区的生态系统服务需求均值最小，为
0.015 7。4 类自然生态功能区的生态系统服务需求均属于低值区，重点生态功
能区属于生态重点保护地区，这些区域受人类活动扰动较小。

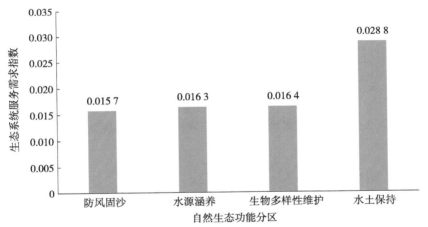

图 3-32　2020 年国家重点生态功能区各自然生态功能分区生态系统服务需求状况

3.2.1.3.4　各省份状况

从重点生态功能区所在省份来看（图 3-33），2020 年各省份生态系统服
务需求均处于低值区。其中，生态系统服务需求最小的 5 个省份为内蒙古、
新疆、北京、青海、西藏，生态系统服务需求指数分别为 0.016 8、0.014 2、
0.013 9、0.013 5、0.012 8；生态系统服务需求最大的 5 个省份分别为河南、
辽宁、宁夏、山西、安徽，生态系统服务需求指数分别为 0.037 7、0.035 8、
0.032 0、0.031 6、0.028 4。

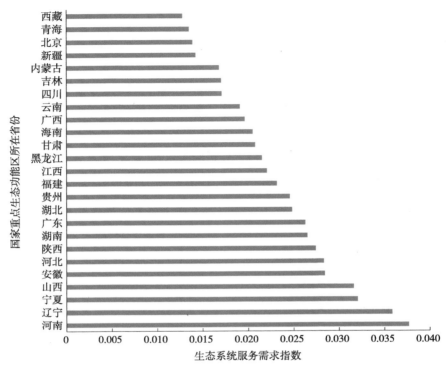

图 3-33 2020 年国家重点生态功能区所在省份生态系统服务需求状况

3.2.2 生态系统服务需求变化分析

3.2.2.1 土地利用变化

图 3-34 和表 3-7 总结了 2000—2020 年国家重点生态功能区土地利用面积及占比的变化。

2000—2020 年，国家重点功能区土地利用类型变化最大的是草地，面积减少了 53 690.72 km²，占重点生态功能区总面积的 1.42%；林地面积减少了 7 957.15 km²，占重点生态功能区总面积的 0.21%；未利用地、耕地、建筑用地面积增加，分别增加了 36 973.31 km²、19 090.31 km²、5 568.35 km²，分别占重点生态功能区总面积的 0.98%、0.50%、0.15%；水域面积变化不大，仅增加了 15.9 km²。见表 3-7。

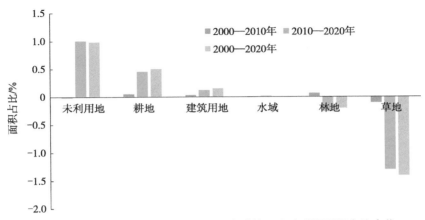

图 3-34　2000—2020 年国家重点生态功能区土地利用面积占比变化

表 3-7　2000—2020 年国家重点生态功能区土地利用面积及占比

土地利用	2000 年		2010 年		2020 年	
	面积 /km²	占比 /%	面积 /km²	占比 /%	面积 /km²	占比 /%
草地	1 415 840.79	37.49	1 411 621.68	37.38	1 362 150.07	36.07
耕地	316 304.15	8.38	318 351.28	8.43	335 394.46	8.88
建筑用地	13 961.73	0.37	15 105.64	0.40	19 530.08	0.52
林地	888 138.67	23.52	890 477.24	23.58	880 181.52	23.31
水域	109 641.36	2.90	109 138.22	2.89	109 657.26	2.90
未利用地	1 032 522.30	27.34	1 031 714.94	27.32	1 069 495.61	28.32
总计	3 776 409	100	3 776 409	100	3 776 409	100

其中，2000—2010 年，草地、未利用地、水域的面积减少，分别减少了 4 219.11 km²、807.36 km²、503.14 km²，减少面积分别占重点生态功能区总面积的 0.11%、0.02%、0.01%；林地、耕地、建筑用地面积增加，分别增加了 2 338.57 km²、2 047.13 km²、1 143.91 km²，增加面积分别占重点生态功能区总面积的 0.06%、0.05%、0.03%。

2010—2020 年，草地、林地的面积减少，分别减少了 49 471.61 km²、10 295.72 km²，减少面积分别占重点生态功能区总面积的 1.31%、0.27%；未利用地、耕地、建筑用地、水域面积增加，分别增加了 37 780.67 km²、

17 043.18 km²、4 424.44 km²、519.04 km²，增加面积分别占重点生态功能区总面积的 1.00%、0.45%、0.12%、0.01%。见表 3-8。

表 3-8   2000—2020 年国家重点生态功能区土地利用面积变化

土地利用	2000—2010 年		2010—2020 年		2000—2020 年	
	面积 变化 /km²	占比 /%	面积 变化 /km²	占比 /%	面积 变化 /km²	占比 /%
草地	−4 219.11	−0.11	−49 471.61	−1.31	−53 690.72	−1.42
耕地	2 047.13	0.05	17 043.18	0.45	19 090.31	0.50
建筑用地	1 143.91	0.03	4 424.44	0.12	5 568.35	0.15
林地	2 338.57	0.06	−10 295.72	−0.27	−7 957.15	−0.21
水域	−503.14	−0.01	519.04	0.01	15.90	0.00
未利用地	−807.36	−0.02	37 780.67	1.00	36 973.31	0.98

3.2.2.2   人类干扰变化

3.2.2.2.1   总体变化

2000—2020 年，国家重点生态功能区人类干扰指数均值变化不大，均值由 0.046 5 增加到 0.048 2，上升了 0.17%。经统计，大部分区域人类干扰指数基本不变，这部分面积为 273.17 × 10⁴ km²，占重点生态功能区总面积的 72.33%；人类干扰指数出现下降的面积为 52.22 × 10⁴ km²，占重点生态功能区总面积的 13.83%，其中较明显下降和明显下降的面积分别占重点生态功能区总面积的 11.57% 和 2.26%；人类干扰指数出现上升的面积为 52.25 × 10⁴ km²，占重点生态功能区总面积的 13.84%，其中较明显上升和明显上升的面积分别占重点生态功能区总面积的 10.64% 和 3.20%。

2000—2010 年，人类干扰指数均值由 0.046 5 增加到 0.046 9，上升了 0.04%。人类干扰指数基本保持不变的面积为 368.51 × 10⁴ km²，占重点生态功能区总面积的 97.58%；人类干扰指数呈上升状态（变化幅度＞1%）的面积为 5.26 × 10⁴ km²，占重点生态功能区总面积的 1.39%，其中较明显上升和明显上升的面积分别占重点生态功能区总面积的 0.90% 和 0.49%；而人类干扰指数下降的区域占重点生态功能区总面积的 1.03%，为 $3.87 \times 10^4 \text{ km}^2$，其中人类干扰指数明显下降的面积仅占重点生态功能区总面积的 0.24%，为 8 956 km²。

2010—2020 年，人类干扰指数均值由 0.046 9 增加到 0.048 2，增加幅度为 0.13%。人类干扰指数基本保持不变的面积为 $275.42 \times 10^4 \text{ km}^2$，占重点生态功能区总面积的 72.93%；人类干扰指数上升（变化幅度＞1%）的面积为 $50.83 \times 10^4 \text{ km}^2$，占重点生态功能区总面积的 13.46%，其中较明显上升和明显上升的面积分别占重点生态功能区总面积的 10.60% 和 2.86%；而人类干扰指数下降的区域占重点生态功能区总面积的 13.61%，为 $51.38 \times 10^4 \text{ km}^2$，其中人类干扰指数明显下降的面积占重点生态功能区总面积的 2.16%，较明显下降的面积占重点生态功能区总面积的 11.45%，面积为 $43.25 \times 10^4 \text{ km}^2$。

从人类干扰指数分级来看，20 年来，较轻度干扰、中度干扰、较重度干扰、重度干扰的面积呈增加态势，面积分别增加 20 415 km²、4 870 km²、1 848 km²、2 300 km²，分别占重点生态功能区总面积的 0.54%、0.13%、0.05%、0.06%；轻度干扰的面积有所下降，面积减少 29 433 km²，占重点生态功能区总面积的 0.78%。

其中，2000—2010 年各类人类干扰变化面积较小，轻度干扰面积减少 3 730 km²，占重点生态功能区总面积的 0.10%；较轻度干扰、中度干扰、较重度干扰、重度干扰的面积呈增加态势，较轻度干扰面积增加最多，增加了 2 038 km²，占重点生态功能区总面积的 0.05%。2010—2020 年较轻度干扰、中度干扰、较重度干扰、重度干扰的面积呈增加态势，面积分别增加 18 377 km²、3 939 km²、1 553 km²、1 834 km²，分别占重点生态功能区总面积的 0.49%、0.10%、0.04%、0.05%；轻度干扰的面积有所下降，面积减少 25 703 km²，占重点生态功能区总面积的 0.68%。

从空间格局来看，国家重点生态功能区大部分地区人类干扰指数变化幅度较小，处于基本不变的状态。人类干扰指数增加的区域主要分布在城市化扩张和经济快速发展的京津冀、东北部沿海地区和耕地开垦的新疆地区。见图 3-35～图 3-37。

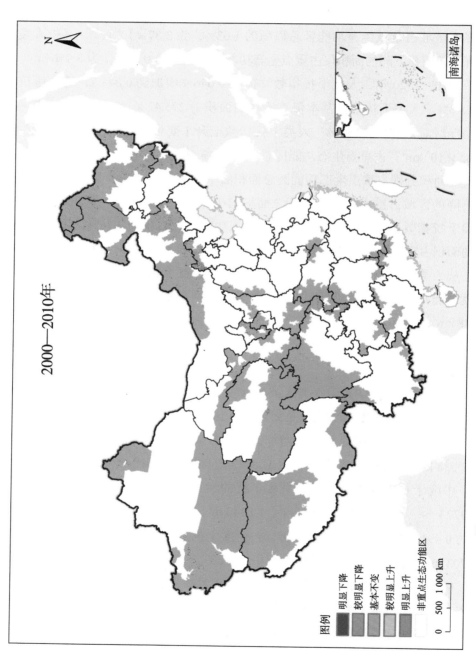

图例

- 明显下降
- 较明显下降
- 基本不变
- 较明显上升
- 明显上升
- 非重点生态功能区

0 500 1 000 km

2000—2010年

图 3-35 2000—2010 年国家重点生态功能区人类干扰指数变化程度空间分布

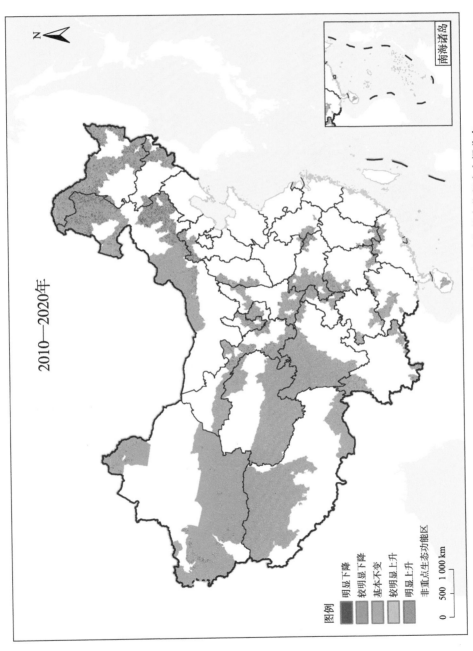

图 3-36　2010—2020 年国家重点生态功能区人类干扰指数变化程度空间分布

2010—2020年

图例
明显下降
较明显下降
基本不变
较明显上升
明显上升
非重点生态功能区

0　500　1 000 km

南海诸岛

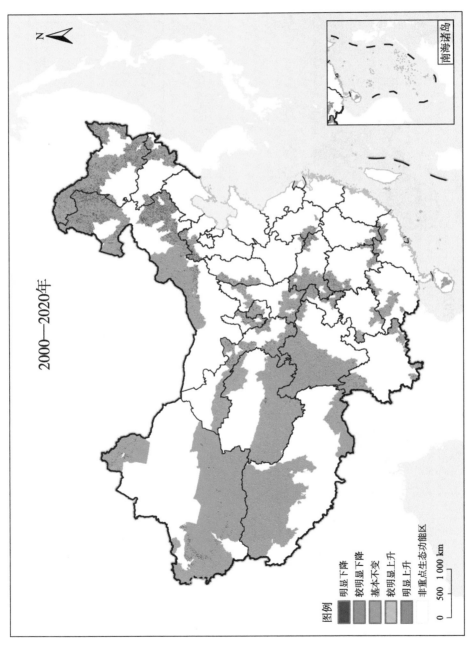

图 3-37　2000—2020 年国家重点生态功能区人类干扰指数变化程度空间分布

　　图 3-38、图 3-39、表 3-9～表 3-11 为 2000—2020 年国家重点生态功能区各等级人类干扰程度及干扰程度变化情况。

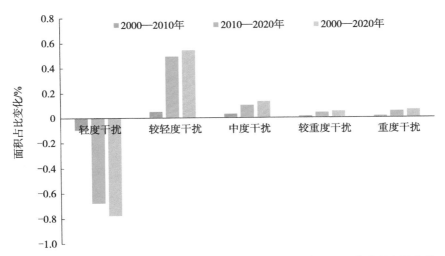

图 3-38　2000—2020 年国家重点生态功能区各等级人类干扰程度面积占比变化

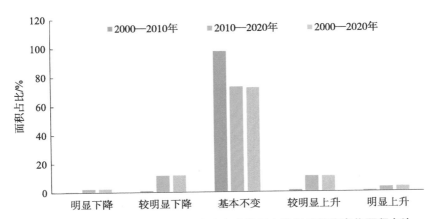

图 3-39　2000—2020 年国家重点生态功能区人类干扰程度变化面积占比

表 3-9　2000—2020 年国家重点生态功能区人类干扰

分级	2000 年		2010 年		2020 年	
	面积 /km²	占比 /%	面积 /km²	占比 /%	面积 /km²	占比 /%
轻度干扰	3 369 466	89.22	3 365 736	89.12	3 340 033	88.44
较轻度干扰	380 869	10.09	382 907	10.14	401 284	10.63
中度干扰	20 473	0.54	21 404	0.57	25 343	0.67
较重度干扰	3 829	0.10	4 124	0.11	5 677	0.15
重度干扰	1 772	0.05	2 238	0.06	4 072	0.11
总计	3 776 409	100	3 776 409	100	3 776 409	100

表 3-10　2000—2020 年国家重点生态功能区各等级人类干扰面积变化

分级	2000—2010 年		2010—2020 年		2000—2020 年	
	面积变化 /km²	占比 /%	面积变化 /km²	占比 /%	面积变化 /km²	占比 /%
轻度干扰	−3 730	−0.10	−25 703	−0.68	−29 433	−0.78
较轻度干扰	2 038	0.05	18 377	0.49	20 415	0.54
中度干扰	931	0.03	3 939	0.10	4 870	0.13
较重度干扰	295	0.01	1 553	0.04	1 848	0.05
重度干扰	466	0.01	1 834	0.05	2 300	0.06

表 3-11　2000—2020 年国家重点生态功能区人类干扰变化程度

变化程度类型	2000—2010 年		2010—2020 年		2000—2020 年	
	面积 /km²	占比 /%	面积 /km²	占比 /%	面积 /km²	占比 /%
明显下降	8 956	0.24	81 315	2.16	85 166	2.26
较明显下降	29 736	0.79	432 509	11.45	437 078	11.57
基本不变	3 685 145	97.58	2 754 236	72.93	2 731 666	72.33
较明显上升	34 083	0.90	400 399	10.60	401 741	10.64
明显上升	18 489	0.49	107 950	2.86	120 758	3.20
总计	3 776 409	100	3 776 409	100	3 776 409	100

3.2.2.2.2　各功能区人类干扰变化

2000—2020 年，国家重点生态功能区人类干扰指数 25 个功能区基本不变的有 24 个，其中大小兴安岭森林生态功能区人类干扰指数呈下降趋势，下降了 0.02%；3 个功能区人类干扰指数不变，分别为三江源草原草甸湿地生态功能区、藏西北羌塘高原荒漠生态功能区、呼伦贝尔草原草甸生态功能区；其余 21 个功能区人类干扰指数均呈上升趋势。国家重点生态功能区人类干扰指数上升幅度大于 1% 的有 1 个，为三江平原湿地生态功能区，上升幅度为 2.47%。

2000—2010 年，国家重点生态功能区人类干扰指数下降的功能区有 4 个，分别为黄土高原丘陵沟壑水土保持生态功能区、阴山北麓草原生态功能区、秦巴生物多样性生态功能区、三江源草原草甸湿地生态功能区，人类干扰指数下降幅度均小于 1%，处于基本不变状态；川滇森林及生物多样性生态功能区、藏东南高原边缘森林生态功能区、藏西北羌塘高原荒漠生态功能区人类干扰指数没有变化；国家重点生态功能区人类干扰指数上升的功能区有 18 个，上升幅度均小于 1%。

2010—2020 年，国家重点生态功能区人类干扰指数下降的功能区有 2 个，分别为大小兴安岭森林生态功能区和呼伦贝尔草原草甸生态功能区，人类干扰指数下降幅度均小于 1%，分别下降 0.07%、0.03%，处于基本不变状态；藏西北羌塘高原荒漠生态功能区人类干扰指数没有变化；国家重点生态功能区人类干扰指数上升的功能区有 22 个，其中 21 个功能区上升幅度均小于 1%；三江平原湿地生态功能区上升幅度大于 1%，呈较明显上升状态，上升 2.27%。见图 3-40、表 3-12。

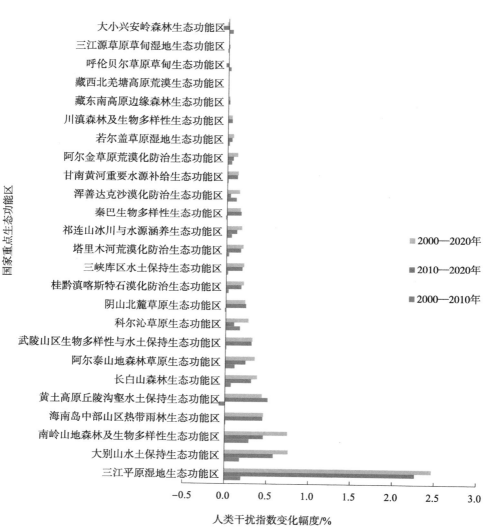

图 3-40　2000—2020 年国家重点生态功能区人类干扰变化程度

表 3-12　2000—2020 年各重点生态功能区人类干扰指数变化

功能区名称	2000 年干扰指数	2010 年干扰指数	2020 年干扰指数	2000—2010 年干扰指数变化幅度 /%	2010—2020 年干扰指数变化幅度 /%	2000—2020 年干扰指数变化幅度 /%
阿尔金草原荒漠化防治生态功能区	0.014 6	0.015 1	0.015 8	0.05	0.07	0.12
阿尔泰山地森林草原生态功能区	0.033 3	0.034 4	0.036 8	0.11	0.24	0.35
藏东南高原边缘森林生态功能区	0.018 4	0.018 4	0.018 6	0.00	0.02	0.02
藏西北羌塘高原荒漠生态功能区	0.028 8	0.028 8	0.028 8	0.00	0.00	0.00
川滇森林及生物多样性生态功能区	0.042 0	0.042 0	0.042 5	0.00	0.05	0.05
大别山水土保持生态功能区	0.094 6	0.096 4	0.102 2	0.18	0.58	0.76
大小兴安岭森林生态功能区	0.042 9	0.043 4	0.042 7	0.05	−0.07	−0.02
甘南黄河重要水源补给生态功能区	0.065 9	0.066 0	0.067 2	0.01	0.12	0.13
桂黔滇喀斯特石漠化防治生态功能区	0.052 4	0.052 7	0.054 5	0.03	0.18	0.21
海南岛中部山区热带雨林生态功能区	0.041 9	0.042 0	0.046 5	0.01	0.45	0.46
呼伦贝尔草原草甸生态功能区	0.056 7	0.057 0	0.056 7	0.03	−0.03	0.00
黄土高原丘陵沟壑水土保持生态功能区	0.120 9	0.120 2	0.125 3	−0.07	0.51	0.44
浑善达克沙漠化防治生态功能区	0.076 1	0.077 2	0.077 6	0.11	0.04	0.15

续表

功能区名称	2000年干扰指数	2010年干扰指数	2020年干扰指数	2000—2010年干扰指数变化幅度/%	2010—2020年干扰指数变化幅度/%	2000—2020年干扰指数变化幅度/%
科尔沁草原生态功能区	0.098 4	0.100 1	0.101 1	0.17	0.10	0.27
南岭山地森林及生物多样性生态功能区	0.046 9	0.049 8	0.054 4	0.29	0.46	0.75
祁连山冰川与水源涵养生态功能区	0.042 2	0.042 8	0.044 0	0.06	0.12	0.18
秦巴生物多样性生态功能区	0.067 3	0.067 2	0.068 9	−0.01	0.17	0.16
若尔盖草原湿地生态功能区	0.049 1	0.049 3	0.049 8	0.02	0.05	0.07
三江平原湿地生态功能区	0.119 5	0.121 5	0.144 2	0.20	2.27	2.47
三江源草原草甸湿地生态功能区	0.049 3	0.049 2	0.049 3	−0.01	0.01	0.00
三峡库区水土保持生态功能区	0.053 4	0.053 6	0.055 5	0.02	0.19	0.21
塔里木河荒漠化防治生态功能区	0.029 7	0.030 0	0.031 7	0.03	0.17	0.20
武陵山区生物多样性与水土保持生态功能区	0.056 5	0.056 6	0.059 7	0.01	0.31	0.32
阴山北麓草原生态功能区	0.068 3	0.068 2	0.070 6	−0.01	0.24	0.23
长白山森林生态功能区	0.055 5	0.056 2	0.059 3	0.07	0.31	0.38

3.2.2.2.3 生态功能分区人类干扰变化

从国家重点生态功能区来看，2000—2020 年人类干扰指数变化不大，变化幅度均小于 1%，呈基本不变状态。人类干扰指数增幅从高到低依次是水土保持型生态功能区、防风固沙型生态功能区、生物多样性维护型生态功能区、水源涵养型生态功能区，增幅分别为 0.38%、0.17%、0.16%、0.13%。

其中，2000—2010 年人类干扰指数变化幅度较小，生物多样性维护型生态功能区人类干扰基本不变，其余 3 个功能区增幅从高到低依次是防风固沙型生态功能区、水源涵养型生态功能区、水土保持型生态功能区，增幅分别为 0.06%、0.05%、0.01%。2010—2020 年水土保持型生态功能区、生物多样性维护型生态功能区、防风固沙型生态功能区、水源涵养型生态功能区人类干扰指数稍有上升，增幅小于 1%，呈基本不变状态，增加幅度分别为 0.37%、0.16%、0.11%、0.08%，见图 3-41 和表 3-13。

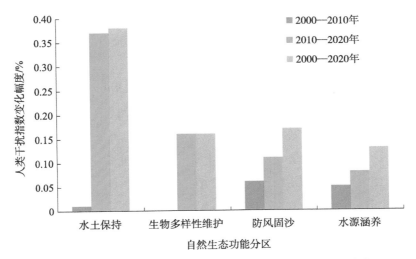

图 3-41 2000—2020 年国家自然生态功能分区人类干扰变化

表 3-13　2000—2020 年国家自然生态功能分区人类干扰指数变化

功能区类型	2000 年干扰指数	2010 年干扰指数	2020 年干扰指数	2000—2010 年干扰指数变化幅度 /%	2010—2020 年干扰指数变化幅度 /%	2000—2020 年干扰指数变化幅度 /%
防风固沙	0.043 1	0.043 7	0.044 8	0.06	0.11	0.17
水源涵养	0.045 8	0.046 3	0.047 1	0.05	0.08	0.13
生物多样性维护	0.041 7	0.041 7	0.043 3	0.00	0.16	0.16
水土保持	0.088 6	0.088 7	0.092 4	0.01	0.37	0.38

3.2.2.2.4　各省份人类干扰变化

从国家重点生态功能区所在省份来看，2000—2020 年，人类干扰指数下降的省份有 1 个，为内蒙古，下降 0.12%，处于基本不变状态；青海、西藏人类干扰指数没有变化；人类干扰指数上升的省份有 22 个，其中 21 个上升幅度均小于 1%，上升幅度较大的 5 个省份为江西、安徽、湖南、黑龙江、广东，分别上升 0.73%、0.74%、0.75%、0.80%、0.97%；山西呈较明显上升状态，上升 1.14%。

2000—2010 年，国家重点生态功能区人类干扰指数下降的省份有 8 个，分别为辽宁、福建、宁夏、陕西、山西、四川、贵州、青海，其人类干扰指数分别下降 0.23%、0.12%、0.06%、0.05%、0.04%、0.01%、0.01%、0.01%，处于基本不变状态；西藏、北京人类干扰指数没有变化；人类干扰指数上升的省份有 15 个，上升幅度较大的 5 个省份为安徽、河南、广东、江西、河北，分别上升 0.14%、0.36%、0.43%、0.45%、0.61%。

2010—2020 年，国家重点生态功能区人类干扰指数下降的省份有 1 个，为内蒙古，下降 0.18%，处于基本不变状态；西藏人类干扰指数没有变化；人类干扰指数上升的省份有 23 个，其中 22 个上升幅度均小于 1%，上升幅度较大的 5 个省份为宁夏、福建、吉林、湖南、黑龙江，分别上升 0.63%、0.65%、0.65%、0.68%、0.72%；山西呈较明显上升状态，上升 1.18%。见图 3-42 和表 3-14。

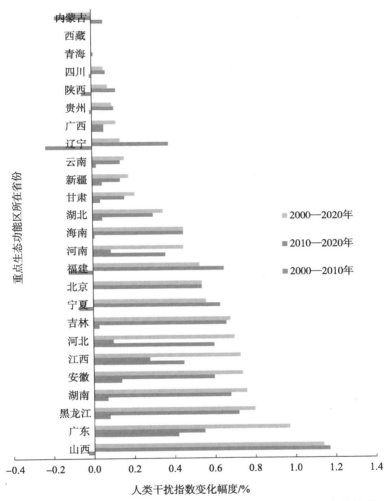

图 3-42　2000—2020 年重点生态功能区所在省份人类干扰变化情况

表 3-14　2000—2020 年重点生态功能区所在省份人类干扰指数变化

省份	2000 年指数	2010 年指数	2020 年指数	2000—2010 年指数变化	2010—2020 年指数变化	2000—2020 年指数变化
内蒙古	0.063 6	0.064 2	0.062 4	0.000 6	−0.001 8	−0.001 2
吉林	0.044 7	0.045 0	0.051 5	0.000 3	0.006 5	0.006 8
北京	0.032 9	0.032 9	0.038 3	0.000 0	0.005 4	0.005 4

省份	2000 年指数	2010 年指数	2020 年指数	2000—2010 年指数变化	2010—2020 年指数变化	2000—2020 年指数变化
山西	0.100 3	0.099 9	0.111 7	−0.000 4	0.011 8	0.011 4
陕西	0.089 3	0.088 8	0.090 1	−0.000 5	0.001 3	0.000 8
青海	0.046 8	0.046 7	0.046 8	−0.000 1	0.000 1	0.000 0
河南	0.097 9	0.101 5	0.102 4	0.003 6	0.000 9	0.004 5
安徽	0.064 7	0.066 1	0.072 1	0.001 4	0.006 0	0.007 4
湖北	0.052 5	0.053 0	0.056 1	0.000 5	0.003 1	0.003 6
湖南	0.057 7	0.058 4	0.065 2	0.000 7	0.006 8	0.007 5
江西	0.038 4	0.042 9	0.045 6	0.004 5	0.002 7	0.007 2
云南	0.042 5	0.042 7	0.044 1	0.000 2	0.001 4	0.001 6
贵州	0.061 6	0.061 5	0.062 5	−0.000 1	0.001 0	0.000 9
广东	0.054 6	0.058 9	0.064 3	0.004 3	0.005 4	0.009 7
海南	0.041 9	0.042 0	0.046 5	0.000 1	0.004 5	0.004 6
辽宁	0.161 7	0.159 4	0.163 1	−0.002 3	0.003 7	0.001 4
四川	0.049 0	0.048 9	0.049 6	−0.000 1	0.000 7	0.000 6
河北	0.111 1	0.117 2	0.118 1	0.006 1	0.000 9	0.007 0
新疆	0.024 0	0.024 5	0.025 8	0.000 5	0.001 3	0.001 8
宁夏	0.131 4	0.130 8	0.137 1	−0.000 6	0.006 3	0.005 7
福建	0.031 1	0.029 9	0.036 4	−0.001 2	0.006 5	0.005 3
黑龙江	0.063 5	0.064 3	0.071 5	0.000 8	0.007 2	0.008 0
甘肃	0.068 0	0.068 4	0.070 1	0.000 4	0.001 7	0.002 1
西藏	0.027 1	0.027 1	0.027 1	0.000 0	0.000 0	0.000 0
广西	0.039 1	0.039 7	0.040 3	0.000 6	0.000 6	0.001 2

3.2.2.3 生态系统服务需求变化

3.2.2.3.1 总体变化

2000—2020 年，生态系统服务需求均值由 0.040 2 降低为 0.016 9，变化

幅度为 -2.33%，需求降低明显。生态系统服务需求增加（变化幅度＞1%）的面积为 $2.11 \times 10^4 \, \text{km}^2$，占重点生态功能区总面积的 0.56%，其中较明显增加和明显增加的面积分别占重点生态功能区总面积的 0.44% 和 0.12%；而生态系统服务需求减少的区域占重点生态功能区总面积的 96.89%，为 $365.90 \times 10^4 \, \text{km}^2$，其中生态系统服务需求明显减少的面积仅占重点生态功能区总面积的 0.33%，面积为 $1.25 \times 10^4 \, \text{km}^2$；较明显减少的占区域总面积的 96.56%，面积为 $364.65 \times 10^4 \, \text{km}^2$。

2010 年国家重点生态功能区开始实施转移支付，政策实行后生态系统服务需求明显减少。其中，2000—2010 年，国家重点生态功能区实施转移支付前，生态系统服务需求均值由 0.040 2 增加到 0.058 2，增幅为 1.80%。生态系统服务需求基本持衡的面积为 $1.26 \times 10^4 \, \text{km}^2$，占重点生态功能区总面积的 0.307%；生态系统服务需求增加（变化幅度＞1%）的面积为 $376.46 \times 10^4 \, \text{km}^2$，占重点生态功能区总面积的 99.686%，其中较明显增加和明显增加的面积分别占重点生态功能区总面积的 99.456% 和 0.23%；而生态系统服务需求减少的区域占重点生态功能区总面积的 0.007%，为 265 km^2，其中生态系统服务需求明显减少的面积仅占重点生态功能区总面积的 0.002%。

2010—2020 年，国家重点生态功能区实施转移支付后，生态系统服务需求均值由 0.058 2 降低到 0.016 9，生态系统服务需求降低明显。生态系统服务需求基本持衡的面积为 $1.06 \times 10^4 \, \text{km}^2$，占重点生态功能区总面积的 0.28%；生态系统服务需求增加（变化幅度＞1%）的面积为 $0.64 \times 10^4 \, \text{km}^2$，占重点生态功能区总面积的 0.17%，其中较明显增加和明显增加的面积分别占重点生态功能区总面积的 0.12% 和 0.05%；而生态系统服务需求减少的区域占重点生态功能区总面积的 99.55%，为 $375.94 \times 10^4 \, \text{km}^2$，其中生态系统服务需求明显减少的面积仅占重点生态功能区总面积的 4.95%，较明显减少的面积占 94.60%，面积为 $357.25 \times 10^4 \, \text{km}^2$。

从生态系统服务需求分级来看，20 年来，重点生态功能区的整体生态系统服务需求等级有所降低，具体表现为"低值区的面积明显增加，较低值区面积减少，中值区、较高值区、高值区面积变化不明显"。2000—2020 年低值区面积明显增加，增加了 $75.44 \times 10^4 \ km^2$，占重点生态功能区总面积的 19.98%；较低值区面积减少 $74.44 \times 10^4 \ km^2$，占重点生态功能区总面积的 19.71%；中值区面积减少了 $1.03 \times 10^4 \ km^2$，占重点生态功能区总面积的 0.27%；较高值区面积稍有减少，减少了 $151 \ km^2$，高值区面积稍有增加，增加了 $529 \ km^2$，占重点生态功能区总面积的 0.01%，变化较小。

其中，2000—2010 年生态系统服务需求整体增大，具体表现为"低值区面积减少，其他各等级面积增加"。其中，低值区面积减少了 $289.32 \times 10^4 \ km^2$，占重点生态功能区总面积的 76.61%；较低值区面积增加 $272.15 \times 10^4 \ km^2$，占重点生态功能区总面积的 72.07%；中值区、较高值区、高值区的面积分别增加了 $15.66 \times 10^4 \ km^2$、$1.12 \times 10^4 \ km^2$、$0.40 \times 10^4 \ km^2$，增加面积分别占重点生态功能区总面积的 4.15%、0.30%、0.10%。

国家重点生态功能区实施转移支付后，生态系统服务需求整体减小，具体表现为"低值区面积增加，其他各等级面积减少"。2010—2020 年，低值区面积增加了 $364.76 \times 10^4 \ km^2$，占重点生态功能区总面积的 96.59%，较低值区、中值区、较高值区、高值区面积均减少，面积分别减少 $346.59 \times 10^4 \ km^2$、$16.69 \times 10^4 \ km^2$、$1.13 \times 10^4 \ km^2$、$0.34 \times 10^4 \ km^2$，分别占重点生态功能区总面积的 91.78%、4.42%、0.30%、0.09%。这说明重点生态功能区生态系统服务需求高值区的区域正向低值区转变，生态系统服务需求明显降低。总体来说，实施转移支付的 10 年来，国家重点生态功能区的生态系统服务需求明显降低，生态保护成效显著。

从空间格局来看，2000—2020 年国家重点生态功能区大部分区域生态系统服务需求呈较明显减少状态，而塔里木河荒漠化防治生态功能区的莎车县、伽师县、巴楚县以及长白山森林生态功能区的西北部生态系统服务需求呈基本持衡状态，生态系统服务需求呈增加状态的区域较少，点状零星分布于我国东部地区。

其中，2000—2010 年重点生态功能区大部分区域生态系统服务需求呈较明显增加状态，新疆维吾尔自治区的尼玛县、日土县、革吉县的小部分地区生态系统服务需求呈基本持衡状态，生态系统服务需求呈减少状态的区域几乎寻不见。2010—2020 年重点生态功能区大部分区域生态系统服务需求呈较明显减少状态，武陵山区生物多样性与水土保持生态功能区的南部、长白山森林生态功能区的北部、科尔沁草原生态功能区的东部、三江平原湿地生态功能区的西部生态系统服务需求呈明显减少状态，而生态系统服务需求呈增加状态的区域呈点状零星分布。

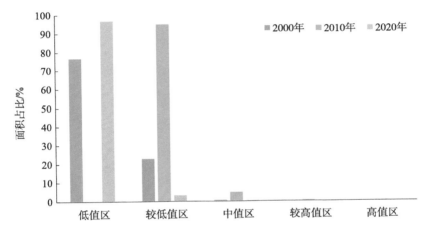

图 3-43　2000—2020 年国家重点生态功能区生态系统服务需求各等级面积占比

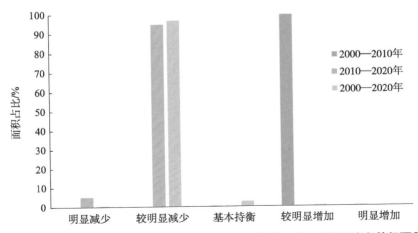

图 3-44　2000—2020 年国家重点生态功能区生态系统服务需求变化程度各等级面积占比

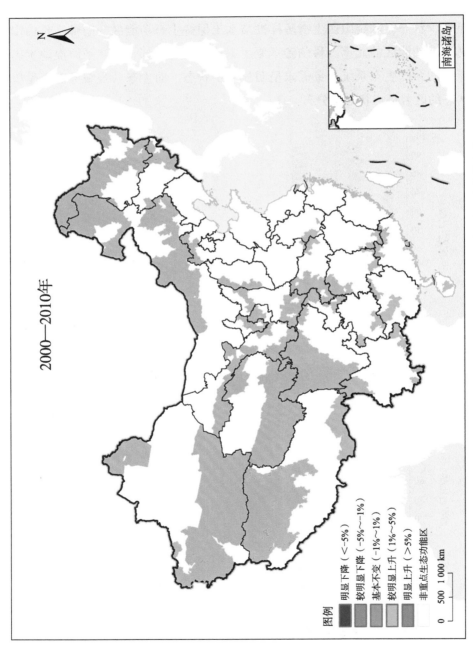

图3-45 2000—2010年国家重点生态功能区生态系统服务需求变化程度

2000—2010年

图例
- 明显下降（<-5%）
- 较明显下降（-5%~-1%）
- 基本不变（-1%~1%）
- 较明显上升（1%~5%）
- 明显上升（>5%）
- 非重点生态功能区

0 500 1 000 km

南海诸岛

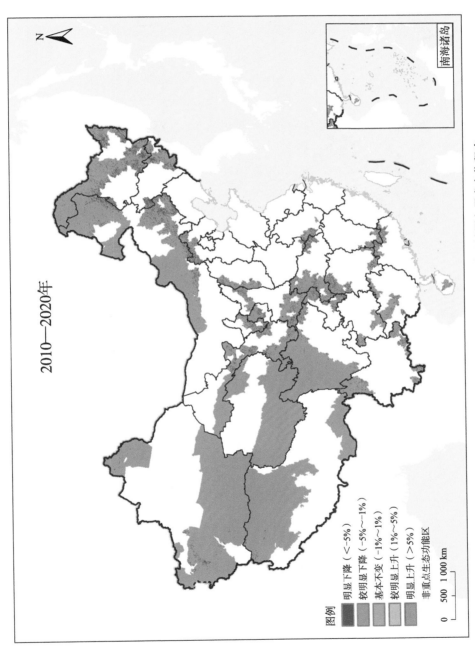

图 3-46 2010—2020 年国家重点生态功能区生态系统服务需求变化程度

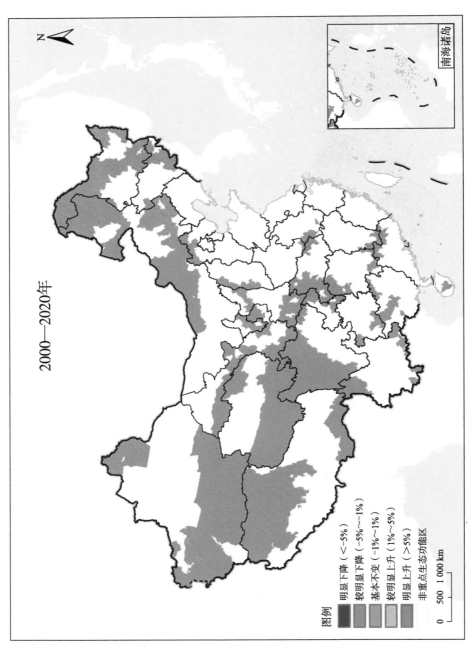

图 3-47　2000—2020 年国家重点生态功能区生态系统服务需求变化程度

图例

明显下降（<-5%）

较明显下降（-5%～-1%）

基本不变（-1%～1%）

较明显上升（1%～5%）

明显上升（>5%）

非重点生态功能区

0　500　1 000 km

2000—2020年

南海诸岛

表 3-15　2000—2020 年重点生态功能区生态系统服务需求各等级面积及占比

分级	2000 年		2010 年		2020 年	
	面积 /km²	占比 /%	面积 /km²	占比 /%	面积 /km²	占比 /%
低值区	2 893 220	76.61	7	0.00	3 647 633	96.59
较低值区	860 002	22.77	3 581 503	94.84	115 558	3.06
中值区	19 411	0.51	175 980	4.66	9 063	0.24
较高值区	2 417	0.06	13 594	0.36	2 266	0.06
高值区	1 360	0.04	5 325	0.14	1 888	0.05
总计	3 776 409	100	3 776 409	100	3 776 409	100

表 3-16　2000—2020 年重点生态功能区生态系统服务需求各等级面积变化及占比

分级	2000—2010 年		2010—2020 年		2000—2020 年	
	面积变化 / km²	占比 /%	面积变化 / km²	占比 /%	面积变化 / km²	占比 /%
低值区	−2 893 213	−76.61	3 647 626	96.59	754 413	19.98
较低值区	2 721 501	72.07	−3 465 945	−91.78	−744 444	−19.71
中值区	156 569	4.15	−166 917	−4.42	−10 347	−0.27
较高值区	11 177	0.30	−11 328	−0.30	−151	0.00
高值区	3 965	0.10	−3 437	−0.09	529	0.01

表 3-17　2000—2020 年重点生态功能区生态系统服务需求变化程度

变化程度 类型	2000—2010 年		2010—2020 年		2000—2020 年	
	面积 /km²	占比 /%	面积 /km²	占比 /%	面积 /km²	占比 /%
明显减少	76	0.002	186 932	4.95	12 462	0.33
较明显减少	189	0.005	3 572 483	94.60	3 646 501	96.56
基本持衡	11 594	0.307	10 574	0.28	96 298	2.55
较明显增加	3 755 865	99.456	4 532	0.12	16 616	0.44
明显增加	8 686	0.230	1 888	0.05	4 532	0.12
总计	3 776 409	100	3 776 409	100	3 776 409	100

3.2.2.3.2 各功能区需求变化

2000—2020 年，国家重点生态功能区生态系统服务需求均呈较明显减少状态，其中生态系统服务需求减少幅度较大的分别为藏西北羌塘高原荒漠生态功能区、藏东南高原边缘森林生态功能区、阿尔金草原荒漠化防治生态功能区、长白山森林生态功能区、三江源草原草甸湿地生态功能区、呼伦贝尔草原草甸生态功能区，分别减少 2.61%、2.45%、2.45%、2.43%、2.39%、2.38%；生态系统服务需求减少幅度较小的分别为秦巴生物多样性生态功能区、科尔沁草原生态功能区、大别山水土保持生态功能区、三江平原湿地生态功能区、黄土高原丘陵沟壑水土保持生态功能区，分别减少 2.11%、2.11%、2.10%、1.96%、1.71%。

2000—2010 年，国家重点生态功能区生态系统服务需求 25 个功能区均呈较明显增加状态，增加幅度均大于 1%、小于 5%。其中秦巴生物多样性生态功能区、南岭山地森林及生物多样性生态功能区、大别山水土保持生态功能区、科尔沁草原生态功能区、三江平原湿地生态功能区、黄土高原丘陵沟壑水土保持生态功能区增加幅度较高，均大于 2%，分别为 2.03%、2.03%、2.08%、2.31%、2.33%、2.51%。

2010—2020 年，国家重点生态功能区生态系统服务需求均呈较明显减少状态，其中生态系统服务需求减少幅度较大的分别为科尔沁草原生态功能区、长白山森林生态功能区、三江平原湿地生态功能区、黄土高原丘陵沟壑水土保持生态功能区，分别减少 4.42%、4.41%、4.29%、4.22%；生态系统服务需求减少幅度较小的分别为阿尔金草原荒漠化防治生态功能区、三江源草原草甸湿地生态功能区、阿尔泰山地森林草原生态功能区、川滇森林及生物多样性生态功能区、塔里木河荒漠化防治生态功能区、若尔盖草原湿地生态功能区，分别减少 4.08%、4.06%、4.04%、4.03%、4.02%、3.99%。

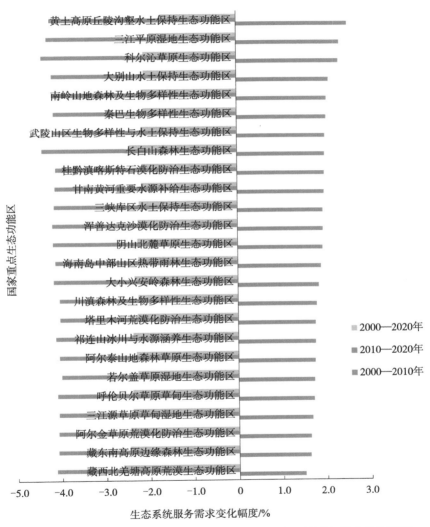

图 3-48　2000—2020 年国家重点生态功能区生态系统服务需求变化程度

表 3-18　2000—2020 年各重点生态功能区生态系统服务需求指数变化

功能区名称	2000 年指数	2010 年指数	2020 年指数	2000—2010 年指数变化 /%	2010—2020 年指数变化 /%	2000—2020 年指数变化 /%
阿尔金草原荒漠化防治生态功能区	0.037 2	0.053 5	0.012 7	1.63	−4.08	−2.45
阿尔泰山地森林草原生态功能区	0.037 8	0.055 2	0.014 8	1.74	−4.04	−2.30
藏东南高原边缘森林生态功能区	0.037 3	0.053 6	0.012 8	1.63	−4.08	−2.45
藏西北羌塘高原荒漠生态功能区	0.038 9	0.054 0	0.012 8	1.51	−4.12	−2.61
川滇森林及生物多样性生态功能区	0.038 1	0.055 9	0.015 6	1.78	−4.03	−2.25
大别山水土保持生态功能区	0.058 6	0.079 4	0.037 6	2.08	−4.18	−2.10
大小兴安岭森林生态功能区	0.040 3	0.058 6	0.017 0	1.83	−4.16	−2.33
甘南黄河重要水源补给生态功能区	0.041 3	0.060 9	0.019 7	1.96	−4.12	−2.16
桂黔滇喀斯特石漠化防治生态功能区	0.044 1	0.063 8	0.022 7	1.97	−4.11	−2.14
海南岛中部山区热带雨林生态功能区	0.043 0	0.061 7	0.020 5	1.87	−4.12	−2.25
呼伦贝尔草原草甸生态功能区	0.037 2	0.054 3	0.013 4	1.71	−4.09	−2.38
黄土高原丘陵沟壑水土保持生态功能区	0.048 7	0.073 8	0.031 6	2.51	−4.22	−1.71
浑善达克沙漠化防治生态功能区	0.040 0	0.059 4	0.017 5	1.94	−4.19	−2.25
科尔沁草原生态功能区	0.044 2	0.067 3	0.023 1	2.31	−4.42	−2.11

续表

功能区名称	2000 年指数	2010 年指数	2020 年指数	2000—2010 年指数变化 /%	2010—2020 年指数变化 /%	2000—2020 年指数变化 /%
南岭山地森林及生物多样性生态功能区	0.045 7	0.066 0	0.024 2	2.03	−4.18	−2.15
祁连山冰川与水源涵养生态功能区	0.039 3	0.056 9	0.015 7	1.76	−4.12	−2.36
秦巴生物多样性生态功能区	0.045 2	0.065 5	0.024 1	2.03	−4.14	−2.11
若尔盖草原湿地生态功能区	0.037 3	0.054 5	0.014 6	1.72	−3.99	−2.27
三江平原湿地生态功能区	0.049 7	0.073 0	0.030 1	2.33	−4.29	−1.96
三江源草原草甸湿地生态功能区	0.037 4	0.054 1	0.013 5	1.67	−4.06	−2.39
三峡库区水土保持生态功能区	0.047 0	0.066 3	0.024 9	1.93	−4.14	−2.21
塔里木河荒漠化防治生态功能区	0.038 1	0.055 6	0.015 4	1.75	−4.02	−2.27
武陵山区生物多样性与水土保持生态功能区	0.046 1	0.065 9	0.024 4	1.98	−4.15	−2.17
阴山北麓草原生态功能区	0.039 2	0.058 4	0.016 7	1.92	−4.17	−2.25
长白山森林生态功能区	0.044 8	0.064 6	0.020 5	1.98	−4.41	−2.43

3.2.2.3.3　生态功能分区需求变化

从重点生态功能区来看，2000—2020 年生态系统服务需求均呈减少状态（图 3-49），减幅从高到低依次是生物多样性维护型生态功能区、水源涵养型生态功能区、防风固沙型生态功能区、水土保持型生态功能区，分别减少

2.38%、2.35%、2.31%、1.95%。

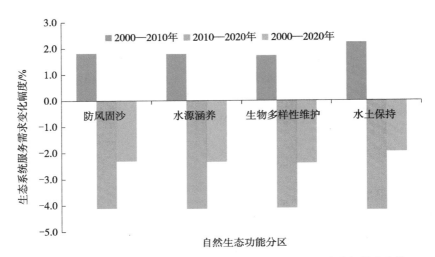

图 3-49　2000—2020 年国家自然生态功能分区生态系统服务需求变化

其中，2000—2010 年生态系统服务需求呈增加状态，增加幅度从高到低依次是水土保持型生态功能区、防风固沙型生态功能区、水源涵养型生态功能区、生物多样性维护型生态功能区，分别增加 2.23%、1.81%、1.79%、1.72%。2010—2020 年生态系统服务需求呈减少状态，减少幅度从高到低依次是水土保持型生态功能区、水源涵养型生态功能区、防风固沙型生态功能区、生物多样性维护型生态功能区，分别减少 4.18%、4.14%、4.12%、4.10%。见表 3-19。

表 3-19　2000—2020 年国家自然生态功能分区生态系统服务需求变化

功能区类型	2000 年指数	2010 年指数	2020 年指数	2000—2010 年指数变化 /%	2010—2020 年指数变化 /%	2000—2020 年指数变化 /%
防风固沙	0.038 8	0.056 9	0.015 7	1.81	−4.12	−2.31
水源涵养	0.039 8	0.057 7	0.016 3	1.79	−4.14	−2.35
生物多样性维护	0.040 2	0.057 4	0.016 4	1.72	−4.10	−2.38
水土保持	0.048 3	0.070 6	0.028 8	2.23	−4.18	−1.95

2000—2020 年我国实行了水土保持、退耕还林、防沙治沙等多项生态建设工程，人类对生态功能区服务的需求降低、扰动减少，生态保护措施成效显著，有效地保证了重点生态功能特有生态功能的发挥。

3.2.2.3.4　各省份需求变化

从重点生态功能区所在省份来看，2000—2020 年，国家重点生态功能区生态系统服务需求均较明显减少状态（-5%＜变化幅度＜-1%）。其中新疆、青海、吉林、西藏、北京减少更为明显（变化幅度＜-2%），分别减少 2.35%、2.39%、2.43%、2.59%、3.00%。减少较少的 5 个省份为宁夏、山西、辽宁、河北、陕西，分别减少 1.57%、1.65%、1.73%、1.95%、1.99%。

2000—2010 年，国家重点生态功能区生态系统服务需求均呈较明显增加状态（1%＜变化幅度＜5%）。其中河南、河北、山西、宁夏、辽宁增加幅度较高，分别为 2.34%、2.38%、2.45%、2.54%、2.90%。变化幅度较低的 5 个省份为西藏、青海、新疆、湖北、四川，增加幅度分别为 1.52%、1.67%、1.70%、1.79%、1.80%。

2010—2020 年，国家重点生态功能区生态系统服务需求均呈较明显减少状态（-5%＜变化幅度＜-1%）。其中北京、辽宁、河南、福建、吉林减少更为明显，分别减少 4.93%、4.63%、4.48%、4.45%、4.42%。相比之下，减少较少的 5 个省份为贵州、青海、湖北、新疆、四川，分别减少 4.07%、4.06%、4.05%、4.05%、4.04%。

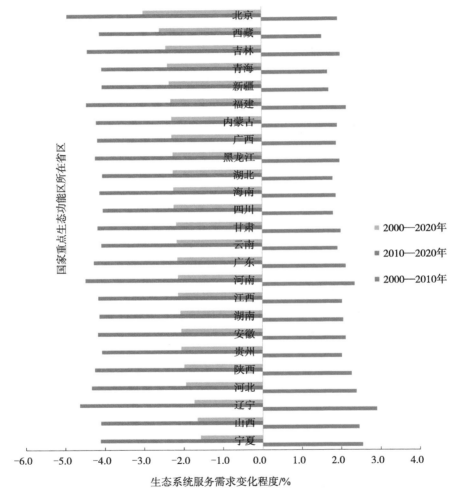

图 3-50　2000—2020 年重点生态功能区所在省份生态系统服务需求变化

表 3-20　2000—2020 年重点生态功能区所在省份生态系统服务需求指数变化

省份	2000 年指数	2010 年指数	2020 年指数	2000—2010 年指数变化 /%	2010—2020 年指数变化 /%	2000—2020 年指数变化 /%
内蒙古	0.039 7	0.058 8	0.016 8	1.91	−4.20	−2.29
吉林	0.041 3	0.061 2	0.017 0	1.99	−4.42	−2.43
北京	0.043 9	0.063 2	0.013 9	1.93	−4.93	−3.00
山西	0.048 1	0.072 6	0.031 6	2.45	−4.10	−1.65
陕西	0.047 3	0.069 9	0.027 4	2.26	−4.25	−1.99
青海	0.037 4	0.054 1	0.013 5	1.67	−4.06	−2.39
河南	0.059 1	0.082 5	0.037 7	2.34	−4.48	−2.14
安徽	0.049 0	0.070 1	0.028 4	2.11	−4.17	−2.06
湖北	0.047 4	0.065 3	0.024 8	1.79	−4.05	−2.26
湖南	0.047 3	0.067 8	0.026 5	2.05	−4.13	−2.08
江西	0.043 5	0.063 7	0.022 1	2.02	−4.16	−2.14
云南	0.040 8	0.059 9	0.019 1	1.91	−4.08	−2.17
贵州	0.045 2	0.065 3	0.024 6	2.01	−4.07	−2.06
广东	0.047 8	0.069 0	0.026 3	2.12	−4.27	−2.15
海南	0.043 0	0.061 7	0.020 5	1.87	−4.12	−2.25
辽宁	0.053 1	0.082 1	0.035 8	2.90	−4.63	−1.73
四川	0.039 5	0.057 5	0.017 1	1.80	−4.04	−2.24
河北	0.047 8	0.071 6	0.028 3	2.38	−4.33	−1.95
新疆	0.037 7	0.054 7	0.014 2	1.70	−4.05	−2.35
宁夏	0.047 7	0.073 1	0.032 0	2.54	−4.11	−1.57
福建	0.046 3	0.067 7	0.023 2	2.14	−4.45	−2.31
黑龙江	0.044 1	0.063 8	0.021 5	1.97	−4.23	−2.26
甘肃	0.042 6	0.062 5	0.020 8	1.99	−4.17	−2.18
西藏	0.038 7	0.053 9	0.012 8	1.52	−4.11	−2.59
广西	0.042 5	0.061 3	0.019 6	1.88	−4.17	−2.29

3.3 生态系统服务供需关系分析

3.3.1 生态系统服务供需关系现状分析

3.3.1.1 生态系统服务供需模式现状

3.3.1.1.1 总体状况

重点生态功能区生态系统服务供需模式分为 4 种类型，分别为低供给 - 低需求模式、低供给 - 高需求模式、高供给 - 低需求模式和高供给 - 高需求模式。其中，2020 年重点生态功能区低供给 - 低需求的面积为 $246.00 \times 10^4 \, km^2$，占重点生态功能区总面积的 65.14%，而低供给 - 高需求模式面积为 $19.70 \times 10^4 \, km^2$，占重点生态功能区总面积的 5.22%；高供给 - 低需求的面积为 $105.31 \times 10^4 \, km^2$，占比为 27.89%；而高供给 - 高需求模式面积较小，为 $6.63 \times 10^4 \, km^2$，占比为 1.75%。

高供给 - 低需求模式主要位于中国东北、西南和东南的草地和林区，与其他地区相比，这些地区经济发展滞后，城镇化程度较低，但有完整的自然生态系统，是大量稀有物种资源的生物基因库。

低供给 - 高需求模式主要集中在发达地区，如京津冀以及东北发达城市及周边地区。这些地区人口密度高，工业化水平高，生态系统服务消费高，林地和草地等生态土地面积少，生态系统服务供给能力较弱，生态系统服务供需不平衡十分严重。在这些地区，应发展城市绿色基础设施，改善城市公园绿地面积。同时，要控制不同地区建设用地的扩张，提高土地利用率，减少人类活动对生态系统的干扰，以提供生态系统服务。

低供给 - 低需求模式主要分布在西北地区，大部分土地利用类型为沙漠和戈壁，生态系统供给能力较弱。由于经济发展水平低，城市化水平相对较低，对生态系统服务的需求也较低。在这些区域，应优先考虑需要保护自然区、恢复自然生态系统、禁止砍伐森林和过度放牧。

高供给－高需求模式主要分布在我国南部地区，该区社会和经济发展速度适中，同时具有良好的生态背景和高植被覆盖率，应该保持现有供需平衡状态，进一步加强保护城市绿地，改善生态环境。

4 种供需模式在 2000 年、2010 年、2020 年的空间分布见图 3-51～图 3-53。

3.3.1.1.2　各功能区状况

2020 年 25 个国家重点生态功能区的生态系统服务供需模式差异明显，处于高供给－高需求模式的功能区有 1 个，占总数的 4%，为大别山水土保持生态功能区；处于高供给－低需求模式的功能区有 13 个，占总数的 52%，生态系统服务供需模式良好，分别为甘南黄河重要水源补给生态功能区、三江平原湿地生态功能区、大小兴安岭森林生态功能区、若尔盖草原湿地生态功能区、长白山森林生态功能区、川滇森林及生物多样性生态功能区、秦巴生物多样性生态功能区、武陵山区生物多样性与水土保持生态功能区、三峡库区水土保持生态功能区、桂黔滇喀斯特石漠化防治生态功能区、藏东南高原边缘森林生态功能区、南岭山地森林及生物多样性生态功能区、海南岛中部山区热带雨林生态功能区；生态系统服务供需处于低供给－低需求模式的功能区有 11 个，占总数的 44%，分别为阿尔金草原荒漠化防治生态功能区、塔里木河荒漠化防治生态功能区、阴山北麓草原生态功能区、阿尔泰山地森林草原生态功能区、藏西北羌塘高原荒漠生态功能区、祁连山冰川与水源涵养生态功能区、科尔沁草原生态功能区、浑善达克沙漠化防治生态功能区、三江源草原草甸湿地生态功能区、黄土高原丘陵沟壑水土保持生态功能区、呼伦贝尔草原草甸生态功能区；无重点生态功能区生态系统服务处于低供给－高需求模式。

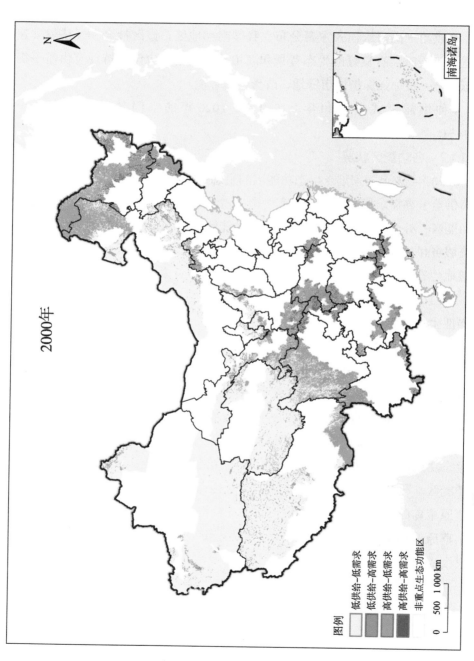

图 3-51　2000 年国家重点生态功能区生态服务供需模式空间分布

图例

低供给-低需求
低供给-高需求
高供给-低需求
高供给-高需求
非重点生态功能区

0　500　1 000 km

2000年

南海诸岛

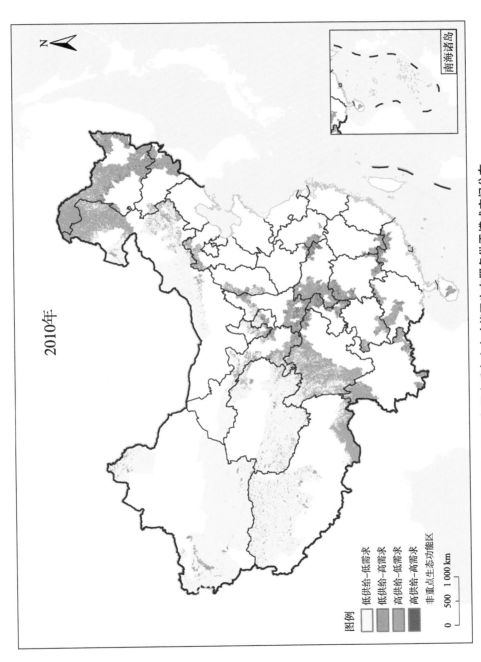

2010年

图 3-52　2010 年国家重点生态功能区生态服务供需模式空间分布

图例

低供给-低需求
低供给-高需求
高供给-低需求
高供给-高需求
非重点生态功能区

0　　500　1 000 km

南海诸岛

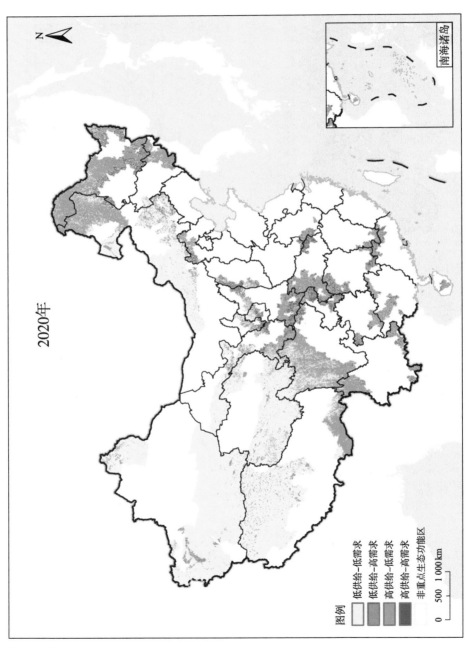

图 3-53 2020 年国家重点生态功能区生态服务供需模式空间分布

图例
低供给－低需求
低供给－高需求
高供给－低需求
高供给－高需求
非重点生态功能区

0　500　1 000km

2020年

南海诸岛

以国家重点生态功能区供给数据为 X 轴，需求数据为 Y 轴，划分为 4 个象限，分别为 4 种供需模式，2000 年、2010 年、2020 年供需模式象限图见图 3-54。

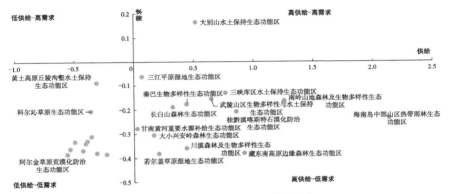

（a）2000年生态系统服务供需模式

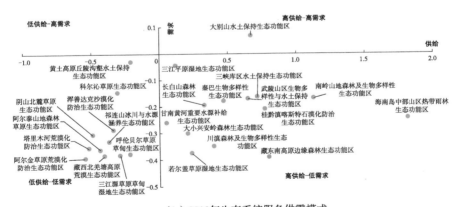

（b）2010年生态系统服务供需模式

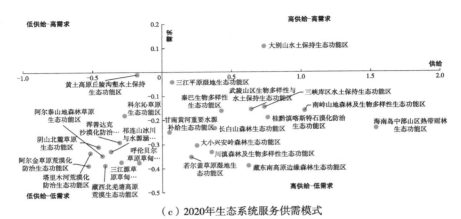

（c）2020年生态系统服务供需模式

图 3-54　2000—2020 年 25 个功能区生态系统服务供需模式

表 3-21　2000—2020 年重点生态功能区各供需模式功能区分布

供需模式		低供给 - 低需求	低供给 -高需求	高供给 - 低需求	高供给 -高需求
2000 年、2010 年、2020 年	功能区名称	阿尔金草原荒漠防治生态功能区、塔里木河荒漠化防治生态功能区、阴山北麓草原生态功能区、阿尔泰山地森林草原生态功能区、藏西北羌塘高原荒漠生态功能区、祁连山冰川与水源涵养生态功能区、科尔沁草原生态功能区、浑善达克沙漠化防治生态功能区、三江源草原草甸湿地生态功能区、黄土高原丘陵沟壑水土保持生态功能区、呼伦贝尔草原草甸生态功能区		甘南黄河重要水源补给生态功能区、三江平原湿地生态功能区、大小兴安岭森林生态功能区、若尔盖草原湿地生态功能区、长白山森林生态功能区、川滇森林及生物多样性生态功能区、秦巴生物多样性生态功能区、武陵山区生物多样性与水土保持生态功能区、三峡库区水土保持生态功能区、桂黔滇喀斯特石漠化防治生态功能区、藏东南高原边缘森林生态功能区、南岭山地森林及生物多样性生态功能区、海南岛中部山区热带雨林生态功能区	大别山水土保持生态功能区
	个数 / 个	11	0	13	1
	占比 /%	44	0	52	4

3.3.1.1.3　各省份状况

2020 年各省份的重点生态功能区的生态系统服务供需模式差异明显，处于高供给–高需求模式的有 1 个省份，为河南；处于低供给–高需求的有 1 个省份，为辽宁；处于低供给–低需求模式的有 8 个省份，分别为新疆、宁夏、青海、甘肃、内蒙古、山西、西藏、河北；处于高供给–低需求模式的有 15 个省份，分别为黑龙江、陕西、北京、四川、吉林、贵州、湖北、安徽、湖南、广西、云南、江西、广东、海南、福建。

以各省份国家重点生态功能区供给数据为 X 轴，需求数据为 Y 轴，划分为 4 个象限，分别为 4 种供需模式，2000 年、2010 年、2020 年供需模式象限图见图 3-55。

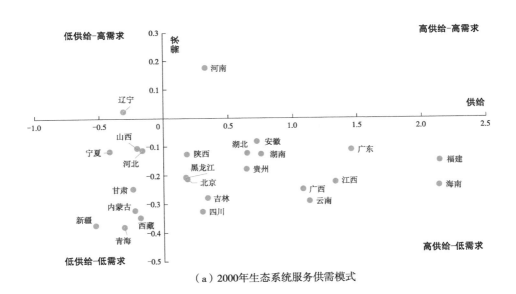

（a）2000年生态系统服务供需模式

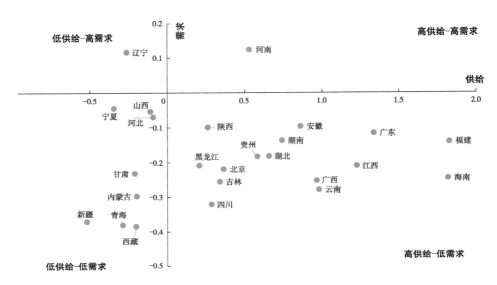

（b）2010年生态系统服务供需模式

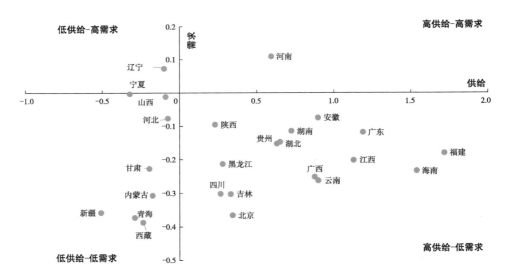

（c）2020年生态系统服务供需模式

图 3-55　2000—2020 年各省份生态系统服务供需模式

3.3.1.2　生态系统服务供需指数现状

3.3.1.2.1　总体状况

2020 年国家重点生态功能区的生态系统服务供需指数具有明显的空间分异特征。生态系统服务供需指数总体上呈南部及东北森林地区低，西北及东北城镇地区较高的趋势。从整体的生态系统服务供需指数分级来看，2020 年全国重点功能区生态系统服务供需指数较高值区、高值区的面积占重点生态功能区总面积的 3.77%，面积占比较小。其中，高值区面积为 $0.90 \times 10^4 \, \text{km}^2$，占重点生态功能区总面积的 0.24%；处于较高值区的面积为 $13.33 \times 10^4 \, \text{km}^2$，占重点生态功能区总面积的 3.53%；中值区面积为 $268.75 \times 10^4 \, \text{km}^2$，占重点生态功能区总面积的 71.16%；较低值区面积为 $73.95 \times 10^4 \, \text{km}^2$，占重点生态功能区总面积的 19.58%；处于低值区的面积为 $20.72 \times 10^4 \, \text{km}^2$，占重点生态功能区总面积的 5.49%。见图 3-56。

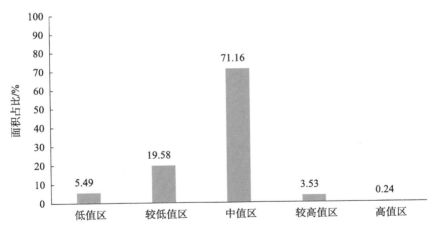

图 3-56　2020 年国家重点生态功能区供需指数各等级面积占比

2000 年、2010 年、2020 年国家重点生态区生态服务供需指数空间分布分别见图 3-57～图 3-59。

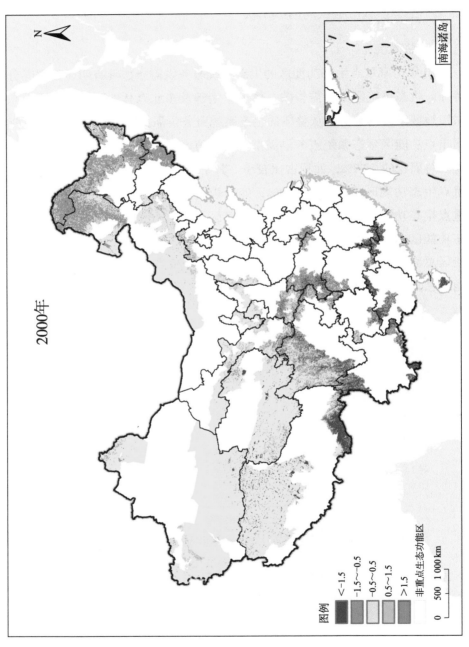

图 3-57　2000 年国家重点生态功能区生态服务供需指数空间分布

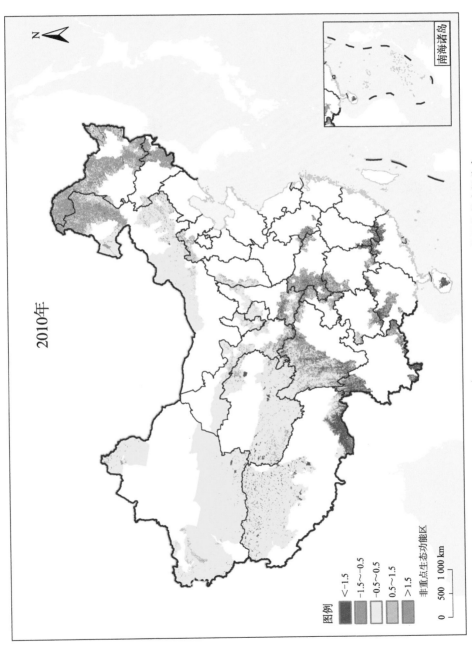

图 3-58　2010 年国家重点生态功能区生态服务供需指数空间分布

2010年

图例
<-1.5
-1.5~-0.5
-0.5~0.5
0.5~1.5
>1.5
非重点生态功能区

0　　500　　1 000 km

南海诸岛

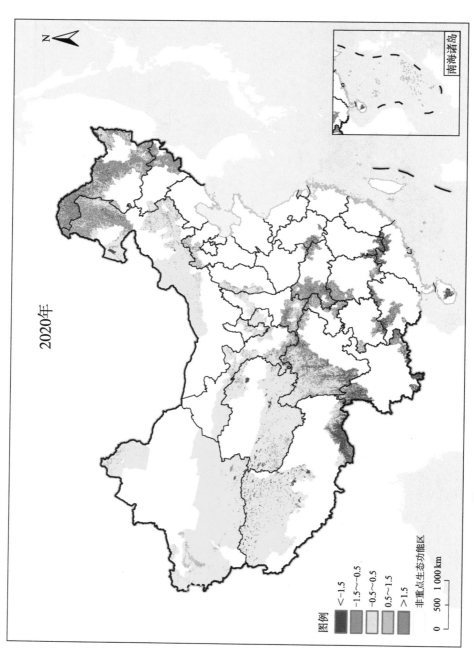

图 3-59　2020 年国家重点生态功能区生态服务供需指数空间分布

2020年

图例

- <-1.5
- -1.5～-0.5
- -0.5～0.5
- 0.5～1.5
- >1.5
- 非重点生态功能区

0　500　1 000 km

3.3.1.2.2　各生态功能区状况

通过统计，各重点生态功能区的生态系统服务供需指数均值如下：25 个重点生态功能区域的生态系统服务供需指数为负数的有 16 个，占比为 64%，说明生态系统服务需求小于供给，生态环境供需状态良好（图 3-60）。其中，生态系统服务供需指数最小的 5 个重点功能区为海南岛中部山区热带雨林生态功能区、南岭山地森林及生物多样性生态功能区、藏东南高原边缘森林生态功能区、桂黔滇喀斯特石漠化防治生态功能区、三峡库区水土保持生态功能区，供需指数分别为 −1.764 0、−1.184 0、−1.007 1、−0.950 3、−0.882 5。生态系统服务供需指数为正数的有 9 个，占比为 36%，其生态系统服务需求大于供给，生态系统服务供不应求，人类活动对该地区干扰较大，应加强该区域生态保护。其中，生态系统服务供需指数较大的功能区有阿尔金草原荒漠化防治生态功能区、阴山北麓草原生态功能区、黄土高原丘陵沟壑水土

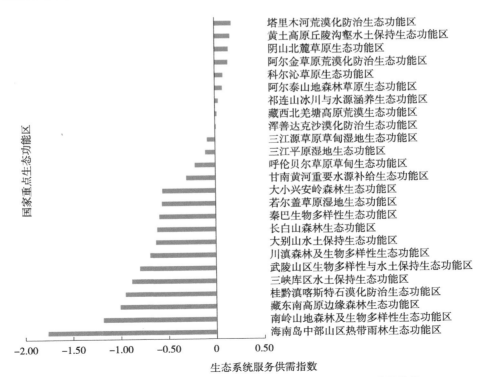

图 3-60　2020 年 25 个国家重点生态功能区生态系统服务供需指数

保持生态功能区、塔里木河荒漠化防治生态功能区，生态系统服务供需指数分别为 0.141 3、0.146 3、0.164 7、0.180 0。

3.3.1.2.3　生态功能区各自然分区状况

从 2020 年全国 4 类自然生态功能区来看，生态系统服务供需指数均值大小排序为水土保持型功能区＜生物多样性维护型功能区＜水源涵养型功能区＜防风固沙型功能区（图 3-61）。其中水土保持型功能区全区均值为 −0.400 8，生物多样性维护型功能区、水源涵养型功能区的全区均值分别为 −0.398 3、−0.313 9，相差不大；防风固沙型功能区的生态系统服务供需指数最大，且为正数，为 0.116 4，生态系统服务需求大于供给，主要由于该功能类型区域生态系统服务供给能力较小，应加强该类型地区的生态环境保护，提高生态系统服务供给能力，同时减少对该类型区域的干扰。

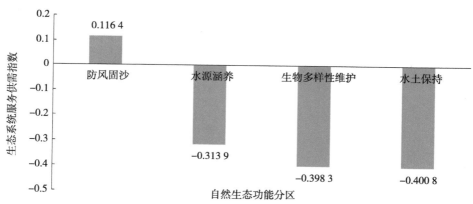

图 3-61　2020 年重点生态功能区各自然生态功能分区供需指数

3.3.1.2.4　各省份状况

2020 年各省份重点生态功能区的生态系统服务供需指数为负数的有 21 个，说明生态系统服务需求小于供给，生态环境供需状态良好。其中，生态系统服务供需指数最小的 5 个省份为福建、海南、江西、广东、云南，供需指数分别为 −1.844 6、−1.764 0、−1.332 3、−1.310 9、−1.163 1；生态系统服务供需指数为正数的省份有 4 个，分别为山西、新疆、辽宁、宁夏，生态系统服务供需指数分别为 0.075 0、0.150 9、0.237 0、0.318 3（图 3-62）。

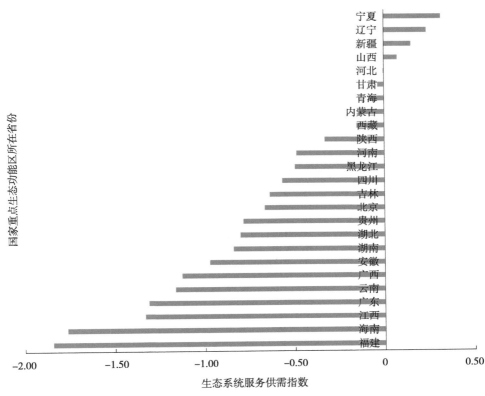

图 3-62　2020 年重点生态功能区所在省份供需指数

3.3.2　生态系统服务供需关系变化分析

3.3.2.1　生态系统服务供需模式变化

表 3-22 和图 3-63 为国家重点生态功能区供需模式在 2000 年、2010 年、2020 年的面积及占比。从国家重点生态功能区生态系统服务供需模式面积变化来看（图 3-64），2000—2020 年，生态系统服务高供给－低需求模式面积明显减少，高供给－高需求、低供给－高需求面积有所增加。20 年来，国家重点生态功能区生态系统服务高供给－高需求模式面积增加了 $2.34 \times 10^4 \, \mathrm{km}^2$，面积占比为 0.62%；低供给－高需求模式面积增加了 $1.72 \times 10^4 \, \mathrm{km}^2$，面积占

比为 0.46%；低供给 – 低需求面积增加了 $0.33 \times 10^4 \, \mathrm{km}^2$，占比为 0.09%；而高供给 – 低需求模式面积减少，减少了 $4.39 \times 10^4 \, \mathrm{km}^2$，占比为 1.16%。

表 3-22　2000—2020 年国家重点生态功能区供需模式面积及占比

模式	2000 年		2010 年		2020 年	
	面积 /km²	占比 /%	面积 /km²	占比 /%	面积 /km²	占比 /%
低供给 – 低需求	2 456 758	65.05	2 387 682	63.23	2 460 008	65.14
低供给 – 高需求	179 760	4.76	213 635	5.66	196 998	5.22
高供给 – 低需求	1 097 003	29.05	1 129 257	29.90	1 053 085	27.89
高供给 – 高需求	42 888	1.14	45 834	1.21	66 318	1.75
总计	3 776 409	100	3 776 409	100	3 776 409	100

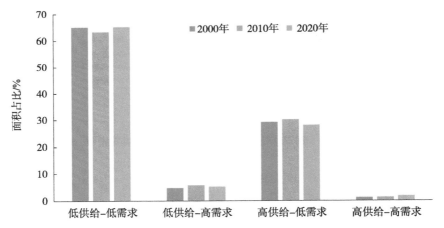

图 3-63　2000—2020 年国家重点生态功能区供需模式面积占比

2000—2010 年，生态系统服务低供给 – 低需求模式面积明显减少，低供给 – 高需求、高供给 – 低需求、高供给 – 高需求面积有所增加。其中，低供给 – 低需求模式面积减少，减少了 $6.91 \times 10^4 \, \mathrm{km}^2$，占比为 1.82%；低供给 – 高需求模式面积增加了 $3.39 \times 10^4 \, \mathrm{km}^2$，占比为 0.90%；高供给 – 低需求模式面积增加了 $3.23 \times 10^4 \, \mathrm{km}^2$，占比为 0.85%；高供给 – 高需求面积增加了 $0.29 \times 10^4 \, \mathrm{km}^2$，占比为 0.07%。

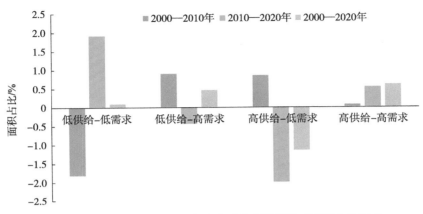

图 3-64　2000—2020 年重点生态功能区供需模式面积占比变化

2010—2020 年，生态系统服务高供给－低需求、低供给－高需求模式面积明显减少，低供给－低需求、高供给－高需求面积有所增加。其中，高供给－低需求模式面积减少了 $7.62 \times 10^4\ km^2$，减少面积占比为 2.01%；低供给－高需求模式面积减少了 $1.66 \times 10^4\ km^2$，减少面积占比为 0.44%；低供给－低需求模式面积增加了 $7.23 \times 10^4\ km^2$，增加面积占比为 1.91%；高供给－高需求面积增加了 $2.05 \times 10^4\ km^2$，增加面积占比为 0.54%。见表 3-23。

表 3-23　2000—2020 年重点生态功能区供需模式面积及占比变化

模式	2000—2010 年		2010—2020 年		2000—2020 年	
	面积 /km²	占比 /%	面积 /km²	占比 /%	面积 /km²	占比 /%
低供给－低需求	−69 076	−1.82	72 326	1.91	3 250	0.09
低供给－高需求	33 875	0.90	−16 637	−0.44	17 238	0.46
高供给－低需求	32 254	0.85	−76 172	−2.01	−43 918	−1.16
高供给－高需求	2 946	0.07	20 484	0.54	23 430	0.61

从国家重点生态功能区生态系统服务供需模式演变状况来看，各功能区供需模式基本没变化。2000—2020 年，国家重点生态功能区处于高供给－低需求模式的有 13 个；处于低供给－低需求模式的有 11 个；处于高供给－高

需求模式的有1个，为大别山水土保持生态功能区；无重点功能区处于低供给－高需求模式，说明国家重点生态功能区的生态系统保护较好，在生态系统服务低供给区不存在高需求，生态系统服务供给满足生态系统服务需求。

3.3.2.2 生态系统服务供需指数变化

3.3.2.2.1 总体变化

2000—2020年，生态系统服务供需指数上升（变化幅度＞0.1）的面积为$72.01 \times 10^4 \, km^2$，占重点生态功能区总面积的19.07%，其中较明显上升和明显上升的面积分别占14.32%和4.75%，面积分别为$54.08 \times 10^4 \, km^2$、$17.94 \times 10^4 \, km^2$；而生态系统服务供需指数降低的区域占重点生态功能区总面积的18.97%，为$71.64 \times 10^4 \, km^2$，其中生态系统服务供需指数明显降低的面积占区域总面积的3.69%，面积为$13.94 \times 10^4 \, km^2$；生态系统服务供需指数较明显降低的面积为$57.70 \times 10^4 \, km^2$，占重点生态功能区总面积的15.28%。

2000—2010年，生态系统服务供需指数基本保持不变的面积为$295.35 \times 10^4 \, km^2$，占重点生态功能区总面积的78.21%；生态系统服务供需指数上升（变化幅度＞0.1）的面积为$37.27 \times 10^4 \, km^2$，占重点生态功能区总面积的9.87%，其中较明显上升和明显上升的面积分别为$32.82 \times 10^4 \, km^2$、$4.46 \times 10^4 \, km^2$，分别占8.69%和1.18%；而生态系统服务供需指数降低的区域占重点生态功能区总面积的11.92%，为$45.01 \times 10^4 \, km^2$，其中生态系统服务供需指数明显降低的面积为$2.49 \times 10^4 \, km^2$，占重点生态功能区总面积的0.66%；生态系统服务供需指数较明显降低的面积为$42.52 \times 10^4 \, km^2$，占重点生态功能区总面积的11.26%。

2010—2020年，生态系统服务供需指数基本保持不变的面积为$258.19 \times 10^4 \, km^2$，占重点生态功能区总面积的68.37%；生态系统服务供需指数上升（变化幅度＞0.1）的面积为$66.62 \times 10^4 \, km^2$，占重点生态功能区总面积的17.64%，其中较明显上升和明显上升的面积分别为$53.02 \times 10^4 \, km^2$、$13.60 \times 10^4 \, km^2$，分别占14.04%和3.60%；而生态系统服务供需指数降低的区域占重点生态功能区总面积的13.99%，为$52.83 \times 10^4 \, km^2$，其中生态系统服务供需指数明显降低的面积为 $12.61 \times 10^4 \, \text{km}^2$，占重点生态功能区总面积的 3.34%；生态系统服务供需指数较明显降低的面积为 $40.22 \times 10^4 \, \text{km}^2$，占区域总面积的 10.65%。

2000—2020 年，从生态系统服务供需指数分级来看（表 3-25），较低值区、较高值区的面积分别增加了 $2.86 \times 10^4 \, \text{km}^2$、$0.18 \times 10^4 \, \text{km}^2$，分别占重点生态功能区总面积的 0.75%、0.05%；低值区面积、中值区面积、高值区面积有所减少，分别减少了 $2.67 \times 10^4 \, \text{km}^2$、$0.29 \times 10^4 \, \text{km}^2$、$0.09 \times 10^4 \, \text{km}^2$，分别占重点生态功能区总面积的 0.70%、0.08%、0.02%。

2000—2010 年，较低值区、较高值区面积增加了 $4.51 \times 10^4 \, \text{km}^2$、$1.46 \times 10^4 \, \text{km}^2$，分别占重点生态功能区总面积的 1.19%、0.39%；高值区面积增加较小，仅增加了 $0.01 \times 10^4 \, \text{km}^2$；低值区面积、中值区面积呈减少状态，分别减少了 $2.07 \times 10^4 \, \text{km}^2$、$3.90 \times 10^4 \, \text{km}^2$，分别占重点生态功能区总面积的 0.55%、1.03%。

2010—2020 年，中值区面积增加了 $3.61 \times 10^4 \, \text{km}^2$，占重点生态功能区总面积的 0.95%，低值区面积、较低值区面积、较高值区面积、高值区面积均减少，分别减少了 $0.59 \times 10^4 \, \text{km}^2$、$1.64 \times 10^4 \, \text{km}^2$、$1.28 \times 10^4 \, \text{km}^2$、$0.10 \times 10^4 \, \text{km}^2$，分别占重点生态功能区总面积的 0.15%、0.44%、0.34%、0.02%。

从供需指数空间分布格局来看，中国西部地区供需指数处于基本不变的状态，西藏南部与云南交界处供需指数有所上升，说明供给小于需求，其生态系统提供的生态服务价值不能满足当地人们的生活需求。供需指数降低区域分布在黑龙江中部、内蒙古东北部等地，说明 20 年间这些地区的生态环境与人类活动关系逐渐和谐，生态环境压力逐渐减小。供需指数增加的区域主要分布在南部地区，属于生态系统服务需求增加区域，说明城市的发展及人类活动的增加使该区域生态环境压力增大，人地关系紧张。

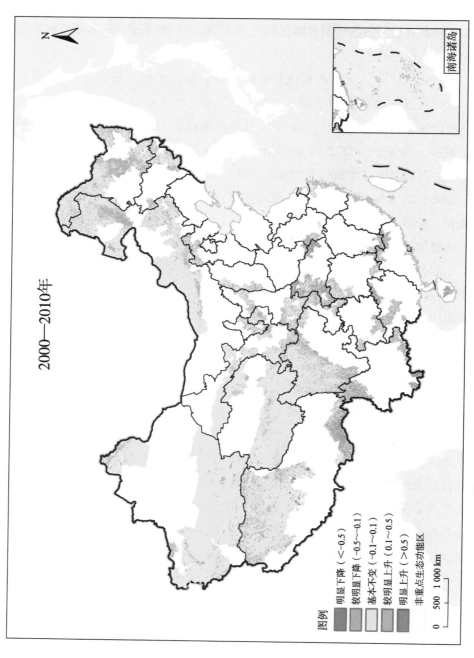

2000—2010年

图 3-65 2000—2010 年国家重点生态功能区供需指数变化特征

图例

- 明显下降（<-0.5）
- 较明显下降（-0.5~-0.1）
- 基本不变（-0.1~0.1）
- 较明显上升（0.1~0.5）
- 明显上升（>0.5）
- 非重点生态功能区

0 500 1 000 km

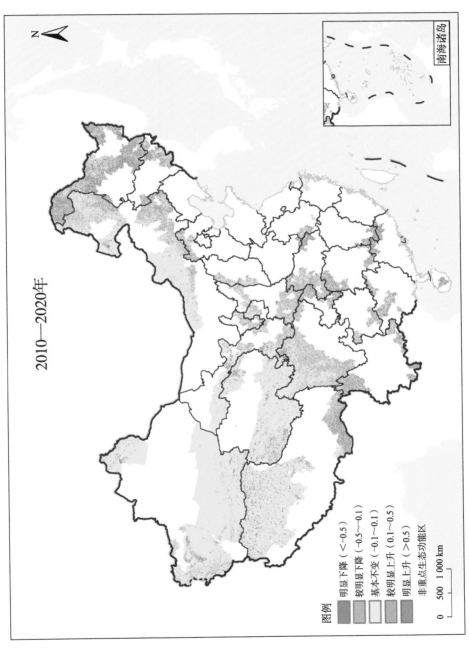

图 3-66　2010—2020 年国家重点生态功能区供需指数变化特征

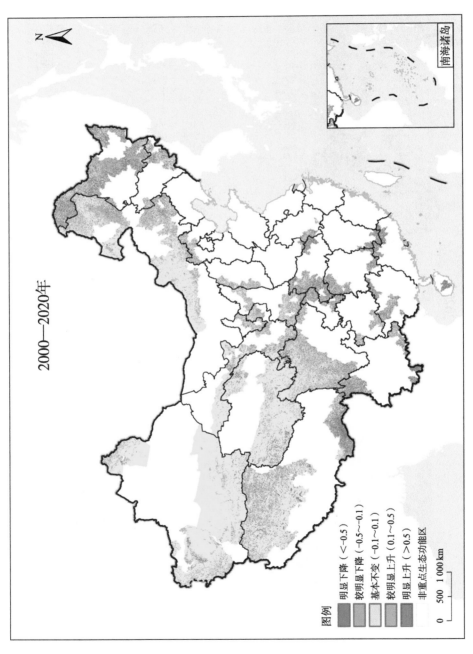

图 3-67 2000—2020 年国家重点生态功能区供需指数变化特征

2000—2020年

图例
明显下降（＜-0.5）
较明显下降（-0.5~-0.1）
基本不变（-0.1~0.1）
较明显上升（0.1~0.5）
明显上升（＞0.5）
非重点生态功能区

0　500　1 000 km

南海诸岛

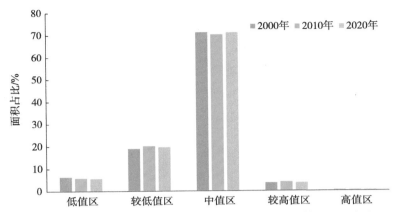

图 3-68　2000—2020 年重点生态功能区供需指数各等级面积占比

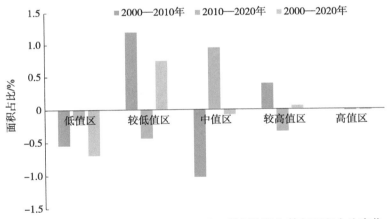

图 3-69　2000—2020 年重点生态功能区供需指数各等级面积占比变化

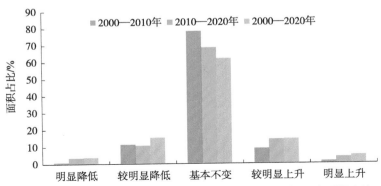

图 3-70　2000—2020 年重点生态功能区供需指数变化程度面积占比

表 3-24　2000—2020 年重点生态功能区供需指数各等级面积及占比

分级	2000 年		2010 年		2020 年	
	面积 /km²	占比 /%	面积 /km²	占比 /%	面积 /km²	占比 /%
低值区	233 871	6.19	213 127	5.64	207 182	5.49
较低值区	710 847	18.83	755 897	20.02	739 480	19.58
中值区	2 690 347	71.24	2 651 348	70.21	2 687 473	71.16
较高值区	131 450	3.48	146 039	3.87	133 279	3.53
高值区	9 894	0.26	9 998	0.26	8 995	0.24
总计	3 776 409	100	3 776 409	100	3 776 409	100

表 3-25　2000—2020 年重点生态功能区供需指数各等级面积变化及占比

分级	2000—2010 年		2010—2020 年		2000—2020 年	
	面积变化 /km²	占比 /%	面积变化 /km²	占比 /%	面积变化 /km²	占比 /%
低值区	−20 744	−0.55	−5 945	−0.15	−26 689	−0.70
较低值区	45 050	1.19	−16 417	−0.44	28 633	0.75
中值区	−38 999	−1.03	36 125	0.95	−2 874	−0.08
较高值区	14 589	0.39	−12 760	−0.34	1 829	0.05
高值区	104	0.00	−1 003	−0.02	−899	−0.02

表 3-26　2000—2020 年重点生态功能区供需指数变化幅度

变化程度类型	2000—2010 年		2010—2020 年		2000—2020 年	
	面积 /km²	占比 /%	面积 /km²	占比 /%	面积 /km²	占比 /%
明显降低	24 924	0.66	126 132	3.34	139 350	3.69
较明显降低	425 224	11.26	402 187	10.65	577 035	15.28
基本不变	2 953 529	78.21	2 581 931	68.37	2 339 863	61.96
较明显上升	328 170	8.69	530 208	14.04	540 782	14.32
明显上升	44 562	1.18	135 951	3.60	179 379	4.75
总计	3 776 409	100	3 776 409	100	3 776 409	100

3.3.2.2.2　各生态功能区变化

由表 3-27 可以看出，2000—2020 年，25 个国家重点生态功能区中有 48%
的重点生态功能区生态系统服务供需指数呈降低趋势，表明生态环境保护较
好，生态系统服务供需关系逐渐缓和。其中供需指数降低幅度最大的 3 个重
点生态功能区为大别山水土保持生态功能区、长白山森林生态功能区、大小
兴安岭森林生态功能区，生态系统服务供需指数分别降低 0.265 5、0.095 8、
0.081 4。生态系统服务供需指数增加的重点生态功能区有 13 个，占比为 52%。
其中供需指数处于较明显上升状态（0.1＜变化幅度＜0.5）的有 4 个，分别为
川滇森林及生物多样性生态功能区、桂黔滇喀斯特石漠化防治生态功能区、
南岭山地森林及生物多样性生态功能区、藏东南高原边缘森林生态功能区，
生态系统服务供需指数分别上升 0.115 0、0.116 0、0.243 7、0.294 1；海南岛
中部山区热带雨林生态功能区处于明显上升状态，其生态系统服务供需指数
上升 0.604 3。

其中，2000—2010 年，国家重点生态功能区生态系统服务供需指数降低
的功能区有 15 个，占比为 60%，其中大别山水土保持生态功能区生态系统服
务供需指数降低 0.245，处于较明显降低状态。生态系统服务供需指数上升的
功能区有 10 个，占比为 40%，其中处于较明显上升状态的功能区分别为藏东
南高原边缘森林生态功能区、南岭山地森林及生物多样性生态功能区、海南
岛中部山区热带雨林生态功能区，其生态系统服务供需指数分别上升 0.113 5、
0.128 7、0.311 5。

2010—2020 年，国家重点生态功能区生态系统服务供需指数降低的功能
区有 11 个，占比为 44%，其中供需指数降低幅度最大的 3 个功能区为长白
山森林生态功能区、科尔沁草原生态功能区、呼伦贝尔草原草甸生态功能区，
其生态系统服务供需指数分别降低 0.087 7、0.070 4、0.053 0。生态系统服务
供需指数上升的功能区有 14 个，占比为 56%，其中供需指数上升幅度最大的
3 个功能区为南岭山地森林及生物多样性生态功能区、藏东南高原边缘森林生
态功能区、海南岛中部山区热带雨林生态功能区，其生态系统服务供需指数
分别上升 0.115 0、0.180 6、0.292 8。

表 3-27   2000—2020 年全国重点生态功能区生态系统服务供需指数变化

功能区名称	2000 年	2010 年	2020 年	2000—2010 年	2010—2020 年	2000—2020 年
阿尔金草原荒漠化防治生态功能区	0.173 5	0.152 8	0.141 3	−0.020 7	−0.011 5	−0.032 2
阿尔泰山地森林草原生态功能区	0.056 6	0.072 4	0.080 9	0.015 8	0.008 5	0.024 3
藏东南高原边缘森林生态功能区	−1.301 2	−1.187 7	−1.007 1	0.113 5	0.180 6	0.294 1
藏西北羌塘高原荒漠生态功能区	0.064 5	0.020 6	0.021 5	−0.043 9	0.000 9	−0.043 0
川滇森林及生物多样性生态功能区	−0.803 3	−0.747 5	−0.688 3	0.055 8	0.059 2	0.115 0
大别山水土保持生态功能区	−0.361 0	−0.606 0	−0.626 5	−0.245 0	−0.020 5	−0.265 5
大小兴安岭森林生态功能区	−0.474 7	−0.508 6	−0.556 1	−0.033 9	−0.047 5	−0.081 4
甘南黄河重要水源补给生态功能区	−0.309 2	−0.311 9	−0.304 2	−0.002 7	0.007 7	0.005 0
桂黔滇喀斯特石漠化防治生态功能区	−1.066 3	−0.980 0	−0.950 3	0.086 3	0.029 7	0.116 0
海南岛中部山区热带雨林生态功能区	−2.368 3	−2.056 8	−1.764 0	0.311 5	0.292 8	0.604 3
呼伦贝尔草原草甸生态功能区	−0.156 6	−0.160 7	−0.213 7	−0.004 1	−0.053 0	−0.057 1
黄土高原丘陵沟壑水土保持生态功能区	0.220 8	0.177 4	0.164 7	−0.043 4	−0.012 7	−0.056 1
浑善达克沙漠化防治生态功能区	0.042 8	0.050 5	0.011 4	0.007 7	−0.039 1	−0.031 4
科尔沁草原生态功能区	0.153 3	0.157 7	0.087 3	0.004 4	−0.070 4	−0.066 0

续表

功能区名称	2000 年	2010 年	2020 年	2000—2010 年	2010—2020 年	2000—2020 年
南岭山地森林及生物多样性生态功能区	-1.427 7	-1.299 0	-1.184 0	0.128 7	0.115 0	0.243 7
祁连山冰川与水源涵养生态功能区	0.058 5	0.037 9	0.037 0	-0.020 6	-0.000 9	-0.021 5
秦巴生物多样性生态功能区	-0.622 5	-0.651 0	-0.589 9	-0.028 5	0.061 1	0.032 6
若尔盖草原湿地生态功能区	-0.594 5	-0.611 0	-0.560 9	-0.016 5	0.050 1	0.033 6
三江平原湿地生态功能区	-0.125 7	-0.153 2	-0.103 3	-0.027 5	0.049 9	0.022 4
三江源草原草甸湿地生态功能区	-0.068 8	-0.092 5	-0.083 3	-0.023 7	0.009 2	-0.014 5
三峡库区水土保持生态功能区	-0.899 8	-0.879 9	-0.882 5	0.019 9	-0.002 6	0.017 3
塔里木河荒漠化防治生态功能区	0.170 5	0.162 6	0.180 0	-0.007 9	0.017 4	0.009 5
武陵山区生物多样性与水土保持生态功能区	-0.806 9	-0.819 1	-0.798 2	-0.012 2	0.020 9	0.008 7
阴山北麓草原生态功能区	0.160 4	0.182 6	0.146 3	0.022 2	-0.036 3	-0.014 1
长白山森林生态功能区	-0.517 4	-0.525 5	-0.613 2	-0.008 1	-0.087 7	-0.095 8

2000—2020 年 25 个重点生态功能区供需指数变化趋势见图 3-71。

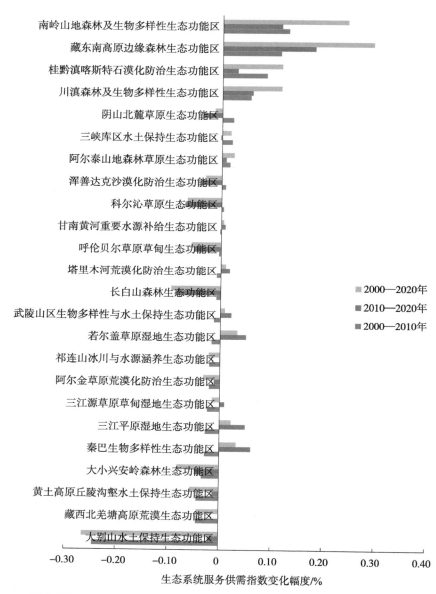

图 3-71　2000—2020 年 25 个重点生态功能区供需指数变化趋势

3.3.2.2.3　自然生态功能分区变化

从重点生态功能区来看，2000—2020 年生态系统服务供需指数呈上升状态的是生物多样性维护型生态功能区，上升 4.74%。防风固沙型生态功能区、水土保持型生态功能区、水源涵养型生态功能区生态系统服务供需指数均降低，分别降低 2.09%、2.10%、2.29%，说明生态系统服务供需关系逐渐好转。见图 3-72、表 3-28。

其中，2000—2010 年生态系统服务供需指数降低的有水土保持型生态功能区、水源涵养型生态功能区、防风固沙型生态功能区，分别降低 2.16%、1.21%、0.55%；生物多样性维护型生态功能区的生态系统服务供需指数呈上升状态，上升 0.32%。2010—2020 年生态系统服务供需指数降低的有防风固沙型生态功能区、水源涵养型生态功能区，分别降低 1.54%、1.08%；生物多样性维护型生态功能区的生态系统服务供需指数呈上升状态，上升 4.42%，水土保持型生态功能区上升幅度较小，仅为 0.06%（表 3-28）。

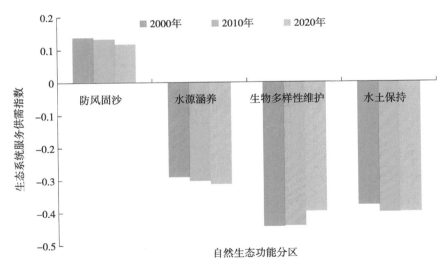

图 3-72　2000—2020 年全国重点生态功能区
各自然生态功能分区生态系统服务供需指数

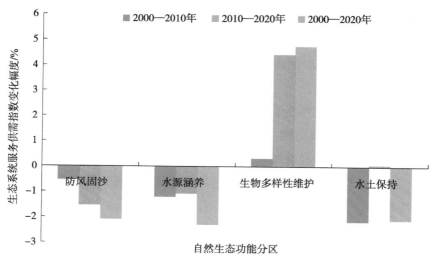

图 3-73　2000—2020 年全国重点生态功能区
各自然生态功能分区生态系统服务供需指数变化

表 3-28　2000—2020 年全国重点生态功能区
各自然生态功能分区生态系统服务供需指数变化

功能区类型	2000 年指数	2010 年指数	2020 年指数	2000—2010 年指数变化 /%	2010—2020 年指数变化 /%	2000—2020 年指数变化 /%
防风固沙	0.137 3	0.131 8	0.116 4	-0.55	-1.54	-2.09
水源涵养	-0.291 0	-0.303 1	-0.313 9	-1.21	-1.08	-2.29
生物多样性维护	-0.445 7	-0.442 5	-0.398 3	0.32	4.42	4.74
水土保持	-0.379 8	-0.401 4	-0.400 8	-2.16	0.06	-2.10

3.3.2.2.4　各省份供需指数变化

结合图 3-74 和表 3-29 可知，从重点生态功能区所在省份来看，2000—2020 年，生态系统服务供需指数上升的有 11 个省份，分别为海南、福建、云南、广东、江西、广西、四川、湖南、贵州、宁夏、西藏；生态系统服务供需指数降低的省份有 14 个，其中生态系统供需指数降低最多的为黑龙江、辽宁、安徽、北京、河南，分别降低 0.114 2、0.122 2、0.163 6、0.328 3、0.337 4。

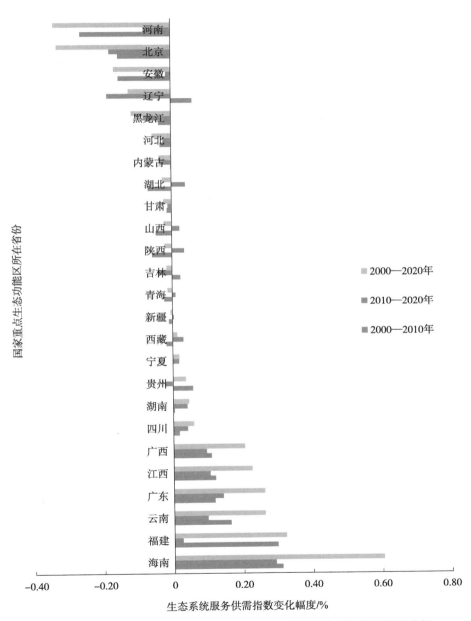

图 3-74　2000—2020 年重点生态功能区所在省份生态系统服务供需变化

表 3-29 2000—2020 年重点生态功能区所在省份生态系统服务供需指数变化

省份	2000 年	2010 年	2020 年	2000—2010 年	2010—2020 年	2000—2020 年
内蒙古	−0.099 3	−0.100 8	−0.134 8	−0.001 5	−0.034 0	−0.035 5
吉林	−0.622 4	−0.598 1	−0.637 8	0.024 3	−0.039 7	−0.015 4
北京	−0.337 4	−0.488 9	−0.665 7	−0.151 5	−0.176 8	−0.328 3
山西	0.097 6	0.052 0	0.075 0	−0.045 6	0.023 0	−0.022 6
陕西	−0.308 6	−0.365 0	−0.329 5	−0.056 4	0.035 5	−0.020 9
青海	−0.071 2	−0.094 1	−0.084 1	−0.022 9	0.010 0	−0.012 9
河南	−0.149 4	−0.409 1	−0.486 8	−0.259 7	−0.077 7	−0.337 4
安徽	−0.808 7	−0.959 2	−0.972 3	−0.150 5	−0.013 1	−0.163 6
湖北	−0.774 9	−0.841 5	−0.800 9	−0.066 6	0.040 6	−0.026 0
湖南	−0.885 2	−0.880 9	−0.839 9	0.004 3	0.041 0	0.045 3
江西	−1.558 7	−1.437 8	−1.332 3	0.120 9	0.105 5	0.226 4
云南	−1.425 6	−1.261 4	−1.163 1	0.164 2	0.098 3	0.262 5
贵州	−0.821 0	−0.763 6	−0.784 0	0.057 4	−0.020 4	0.037 0
广东	−1.572 5	−1.453 7	−1.310 9	0.118 8	0.142 8	0.261 6
海南	−2.368 3	−2.056 8	−1.764 0	0.311 5	0.292 8	0.604 3
辽宁	0.359 2	0.420 9	0.237 0	0.061 7	−0.183 9	−0.122 2
四川	−0.627 2	−0.609 6	−0.567 8	0.017 6	0.041 8	0.059 4
河北	0.050 6	0.019 0	−0.003 7	−0.031 6	−0.022 7	−0.054 3
新疆	0.156 3	0.146 4	0.150 9	−0.009 9	0.004 5	−0.005 4
宁夏	0.299 3	0.300 0	0.318 3	0.000 7	0.018 3	0.019 0
福建	−2.167 8	−1.869 5	−1.844 6	0.298 3	0.024 9	0.323 2
黑龙江	−0.381 3	−0.416 3	−0.495 5	−0.035 0	−0.079 2	−0.114 2
甘肃	−0.010 8	−0.023 8	−0.034 0	−0.013 0	−0.010 2	−0.023 2
西藏	−0.165 7	−0.183 0	−0.152 0	−0.017 3	0.031 0	0.013 7
广西	−1.332 3	−1.222 6	−1.127 0	0.109 7	0.095 6	0.205 3

2000—2010 年，生态系统服务供需指数上升的有 12 个省份，分别为宁

夏、湖南、四川、吉林、贵州、辽宁、广西、广东、江西、云南、福建、海南，其生态系统服务供需指数分别上升 0.000 7、0.004 3、0.017 6、0.024 3、0.057 4、0.061 7、0.109 7、0.118 8、0.120 9、0.164 2、0.298 3、0.311 5；生态系统服务供需指数降低的省份有 13 个，其中生态系统供需指数降低最多的 5 个省份分别为河南、北京、安徽、湖北、陕西，分别降低 0.259 7、0.151 5、0.150 5、0.066 6、0.056 4。

2010—2020 年，生态系统服务供需指数上升的有 15 个省份，生态系统服务供需指数上升最多的 5 个省份分别为广西、云南、江西、广东、海南，生态系统服务供需指数分别上升 0.095 6、0.098 3、0.105 5、0.142 8、0.292 8；生态系统服务供需指数降低的省份有 10 个，其中生态系统供需指数降低最多的 5 个省份为辽宁、北京、黑龙江、河南、吉林，分别降低 0.183 9、0.176 8、0.079 2、0.077 7、0.039 7。

第 4 章

▼

结论与讨论

经济发展与生态环境的突出矛盾已经成为制约中国未来发展的最大潜在因素，为了实现可持续的经济社会发展，必须将可持续的生态系统管理理念渗透到具体的决策过程中[55]。本书分析了中国生态系统服务供需模式的现状和时空变化，并从生态系统服务的角度探讨了供需关系。

4.1　结论

4.1.1　生态转移支付前后国家重点生态功能区生态系统服务价值变化情况

（1）2010—2020 年国家重点生态功能区生态系统服务价值呈增加趋势

2000—2020 年，生态系统服务价值指数均值由 0.022 4 增加到 0.031 7，增幅为 0.93%。

2010 年国家重点生态功能区开始实施转移支付，政策实行后生态系统服务价值增速明显提升。其中，2000—2010 年，国家重点生态功能区实施转移支付前，生态系统服务价值指数均值由 0.022 4 增加到 0.023 8，增幅为 0.14%，2010—2020 年，国家重点生态功能区实施转移支付后，生态系统服务价值指数均值由 0.023 8 增加到 0.031 7，增幅为 0.79%。

从生态系统服务价值变化空间分布格局来看，生态系统服务价值呈增加状态的区域主要分布于我国中部及南部地区和内蒙古中部地区，可能与这些地区实施的退牧还草工程等有关，生态工程有效提升了生态系统保持水土、减少侵蚀、涵养水源等能力。而云南北部和西藏南部、中西部部分地区则呈较明显减少趋势，可能与农牧业发展带来的土地利用类型转变有关，土地开垦使湿地、草地、林地向农田转化，导致生态系统服务价值减少。

（2）2010—2020 年国家重点生态功能区生态系统服务价值高值区呈增加趋势

2000—2010 年较高值区的面积增加 $3.02 \times 10^4 \, km^2$，占重点生态功能区总面积的 0.80%；较低值区面积明显增加，增加面积为 $34.44 \times 10^4 \, km^2$，占重点生态功能区总面积的 9.12%；而高值区、中值区面积稍有减少，分别减少了 $0.42 \times 10^4 \, km^2$、$11.40 \times 10^4 \, km^2$，占重点生态功能区总面积的 0.11%、3.02%；低值区面积明显减少，减少了 $25.64 \times 10^4 \, km^2$，占重点生态功能区总面积的 6.79%。

国家重点生态功能区实施转移支付后，高值区面积明显增加。2010—2020 年，高值区面积增加了 $32.18 \times 10^4 \, km^2$，占重点生态功能区总面积的 8.52%，低值区、较低值区、中值区、较高值区面积均减少，减少面积分别占重点生态功能区总面积的 2.79%、0.65%、1.28%、3.80%。这说明生态功能区生态系统服务价值低值区的区域正向高值区转变，生态系统服务价值明显提升。总体来说，实施转移支付的 10 年来，国家重点生态功能区的生态系统服务价值明显提高，生态保护成效显著。

（3）2010—2020 年国家重点生态功能区生态系统服务价值变化的空间分异

我国南部地区国家重点生态功能区生态系统服务价值增加明显，西北部增幅较小。2000—2020 年，武陵山区生物多样性与水土保持生态功能区、三峡库区水土保持生态功能区、大别山水土保持生态功能区生态系统服务价值增幅最大，分别为 2.42%、2.52%、3.60%；塔里木河荒漠化防治生态功能区增幅最小，为 0.09%。

2000—2010 年，安徽、北京、河南生态系统服务价值呈较明显增加态势，增幅分别为 1.00%、1.06%、1.23%；国家重点生态功能区有 6 个省份生态系统服务价值减少，分别为海南、福建、云南、广西、广东、西藏，分别减少 0.78%、0.75%、0.25%、0.09%、0.02%、0.01%。

2010—2020 年，各省份生态系统服务价值均增加。其中，海南、广东、江西、安徽、福建生态系统服务价值增幅最大，分别为 2.44%、2.44%、2.55%、2.77%、3.58%；新疆、西藏、青海增幅最小，分别为 0.07%、0.36%、0.42%。

4.1.2　生态转移支付前后国家重点生态功能区生态系统服务需求变化情况

（1）2010—2020 年国家重点生态功能区生态系统服务需求呈降低趋势

2000—2020 年，生态系统服务需求指数均值由 0.040 2 降低为 0.016 9，变化幅度为 -2.33%，需求降低明显。

2010 年国家重点生态功能区开始实施转移支付，政策实行后生态系统服务需求明显减少。其中，2000—2010 年，国家重点生态功能区实施转移支付前，生态系统服务需求指数均值由 0.040 2 增加到 0.058 2，增幅为 1.80%。2010—2020 年，国家重点生态功能区实施转移支付后，生态系统服务需求指数均值由 0.058 2 降低到 0.016 9，减少 4.13%，生态系统服务需求降低明显。生态系统服务需求基本持衡的面积为 $1.06 \times 10^4 \text{ km}^2$，占重点生态功能区总面积的 0.28%；生态系统服务需求增加（变化幅度 >1%）的面积为 $0.64 \times 10^4 \text{ km}^2$，占重点生态功能区总面积的 0.17%。

（2）2010—2020 年国家重点生态功能区生态系统服务价值需求高值区呈降低趋势

国家重点生态功能区实施转移支付后，生态系统服务需求整体减少，具体表现为"低值区面积增加，其他各等级面积减少"。2010—2020 年，低值区面积增加了 $364.76 \times 10^4 \text{ km}^2$，占重点生态功能区总面积的 96.59%；较低值区、中值区、较高值区、高值区面积均减少，分别减少 $346.59 \times 10^4 \text{ km}^2$、$16.69 \times 10^4 \text{ km}^2$、$1.13 \times 10^4 \text{ km}^2$、$0.34 \times 10^4 \text{ km}^2$，分别占重点生态功能区总面积的 91.78%、4.42%、0.30%、0.09%。这说明生态功能区生态系统服务需求高值区的区域正向低值区转变，生态系统服务需求明显降低，实施转移支付的 10 年来，生态保护成效显著。

（3）2010—2020 年国家重点生态功能区生态系统服务需求变化的空间分异

2010—2020 年重点生态功能区大部分区域生态系统服务需求呈较明显减

少状态，武陵山区生物多样性与水土保持生态功能区的南部、长白山森林生态功能区的北部、科尔沁草原生态功能区的东部、三江平原湿地生态功能区的西部生态系统服务需求呈明显减少状态，而生态系统服务需求呈增加状态的区域呈点状零星分布。

2010—2020 年，生态系统服务需求减少幅度最大的重点生态功能区为科尔沁草原生态功能区、长白山森林生态功能区，分别减少 4.42%、4.41%；生态系统服务需求减少幅度较小的为若尔盖草原湿地生态功能区、塔里木河荒漠化防治生态功能区，分别减少 3.99%、4.02%。

从重点生态功能区所在省份来看，2000—2020 年，国家重点生态功能区生态系统服务需求均呈较明显减少状态，吉林、西藏、北京减少幅度最大，分别减少 2.43%、2.59%、3.00%。2000—2010 年，国家重点生态功能区生态系统服务需求均呈较明显增加状态，山西、宁夏、辽宁增加幅度最大，分别为 2.45%、2.54%、2.90%；西藏、青海、新疆增加幅度较小，分别为 1.52%、1.67%、1.70%。2010—2020 年，北京、辽宁、河南、福建、吉林生态系统服务需求减少最明显，分别减少 4.93%、4.63%、4.48%、4.45%、4.42%。

4.1.3 生态转移支付前后国家重点生态功能区生态系统服务供需关系变化情况

（1）2010—2020 年国家重点生态功能区生态系统服务供需模式的变化趋势

重点生态功能区生态系统服务供需模式分为 4 种类型，分别为低供给 - 低需求模式、低供给 - 高需求模式、高供给 - 低需求模式和高供给 - 高需求模式。其中，2020 年重点生态功能区低供给 - 低需求的面积为 246.00 × 10^4 km²，占重点生态功能区总面积的 65.14%；低供给 - 高需求模式面积为 19.70 × 10^4 km²，占重点生态功能区总面积的 5.22%；高供给 - 低需求的面积为 105.31 × 10^4 km²，占比为 27.89%；而高供给 - 高需求模式面积较小，为 6.63 × 10^4 km²，占比为 1.75%。

2000—2020 年，25 个国家重点生态功能区中，处于高供给 - 低需求模式的有 13 个；处于低供给－低需求模式的有 11 个；处于高供给－高需求模式的有 1 个，为大别山水土保持生态功能区；无重点功能区处于低供给－高需求模式。说明国家重点生态功能区的生态系统保护较好，在生态系统服务低供给区不存在高需求，生态系统服务供给满足生态系统服务需求。

2010—2020 年生态系统服务高供给－低需求、低供给－高需求模式面积明显减少，低供给－低需求、高供给－高需求面积有所增加。其中，高供给－低需求模式面积减少了 $7.62 \times 10^4 \, \text{km}^2$，减幅为 2.01%；低供给－高需求模式面积减少了 $1.66 \times 10^4 \, \text{km}^2$，减幅为 0.44%；低供给－低需求模式面积增加了 $7.23 \times 10^4 \, \text{km}^2$，增幅为 1.91%；高供给－高需求面积增加了 $2.05 \times 10^4 \, \text{km}^2$，增幅为 0.54%。

（2）2010—2020 年国家重点生态功能区生态系统服务供需指数的变化趋势

2000—2020 年，生态系统服务供需指数上升（变化幅度＞0.1）的面积为 $72.01 \times 10^4 \, \text{km}^2$，占重点生态功能区总面积的 19.07%，有 18.97% 的区域生态系统服务供需指数降低，其中生态系统服务供需指数明显降低的面积占 3.69%，较明显降低的面积占 15.28%。

2000—2010 年，生态系统服务供需指数上升的面积占 9.87%，而生态系统服务供需指数降低的区域占 11.92%。2010—2020 年，生态系统服务供需指数上升的面积占 17.64%；而生态系统服务供需指数降低的区域占 13.99%，其中生态系统服务供需指数明显降低的面积占 3.34%，生态系统服务供需指数较明显降低的面积占 10.65%。

从生态系统服务供需指数分级来看，2010—2020 年，生态系统服务供需指数中值区面积增加了 $3.61 \times 10^4 \, \text{km}^2$，占重点生态功能区总面积的 0.95%，低值区、较低值区、较高值区、高值区面积均减少，分别减少了 $0.59 \times 10^4 \, \text{km}^2$、$1.64 \times 10^4 \, \text{km}^2$、$1.28 \times 10^4 \, \text{km}^2$、$0.10 \times 10^4 \, \text{km}^2$，各占重点生态功能区总面积的 0.15%、0.44%、0.34%、0.02%。

（3）2010—2020 年国家重点生态功能区生态系统服务供需关系变化的空间分异

高供给－低需求模式主要位于中国东北、西南和东南的草地和林区，如黑龙江、四川、贵州、云南、广东、海南等地；低供给－高需求模式主要集中在发达地区，如京津冀以及东北发达城市及周边地区；低供给－低需求模式主要分布在西北地区，大部分土地利用类型为沙漠和戈壁，如新疆、宁夏、青海、甘肃、内蒙古等；高供给－高需求主要分布在我国南部地区，而从省份来看，处于高供给－高需求模式的为河南。

国家重点生态功能区生态系统服务供需关系表现为我国东北部供需关系缓和，西南部供需关系紧张。2010—2020 年，国家重点生态功能区生态系统服务供需指数降幅最大的 3 个功能区为长白山森林生态功能区、科尔沁草原生态功能区、呼伦贝尔草原草甸生态功能区，其生态系统服务供需指数分别降低 0.087 7、0.070 4、0.053 0。供需指数上升幅度最大的 3 个功能区为南岭山地森林及生物多样性生态功能区、藏东南高原边缘森林生态功能区、海南岛中部山区热带雨林生态功能区，其生态系统服务供需指数分别上升 0.115 0、0.180 6、0.292 8。

2010—2020 年，生态系统服务供需指数上升最多的 5 个省份分别为广西、云南、江西、广东、海南，其生态系统服务供需指数分别上升 0.095 6、0.098 3、0.105 5、0.142 8、0.292 8；生态系统供需指数降低最多的 5 个省份分别为辽宁、北京、黑龙江、河南、吉林，分别降低 0.183 9、0.176 8、0.079 2、0.077 7、0.039 7。

4.2 讨论

4.2.1 国家重点生态功能区生态系统服务供需关系的讨论

重点生态功能区的设置有效保障了我国生态敏感脆弱区的主体生态功能的发挥，对改善生态环境、推进生态文明建设具有重要的意义。生态系统服务供给空间分布与我国降水和生物量的分布大概吻合，西北地区生态系统服务供给低，东南地区生态系统服务供给较高。

　　其中，海南岛中部山区热带雨林生态功能区生态系统服务供给最高，且该区是中国生物多样性高度富集的地区之一，对国家的生态安全格局起着重要的作用，其生态系统结构和服务功能的变化对当地社会经济发展高度敏感[57-58]，该功能区的设置，有效保护了生态系统服务功能以及物种多样性。浑善达克沙漠化防治生态功能区虽生态系统服务总供给服务不高，但该区起着重要的防风固沙的生态功能，是维护国家北方生态安全屏障的重要区域[59]，然而该区土壤侵蚀严重，整个生态环境十分脆弱，该功能区的划定，将采取有效措施改善生态环境状态，更好的发挥其防风固沙的生态功能。阿尔金草原和塔里木河荒漠化防治生态功能区、阿尔泰山地森林草原生态功能区的生态系统服务总供给较低，但其肩负着西部地区重要的防风固沙的功能。然而多年来，塔里木河流域因为水资源过度利用，生态系统退化明显，流域绿色走廊正在受到威胁；阿尔金草原因过度放牧，旅游业发展迅速，土地荒漠化加速，珍稀动植物的生存受到威胁；阿尔泰山草原则因超载过牧，草场植被遭到严重破坏[60]，为逐步恢复这些地区生态环境，2012 年分别制定了这三个生态功能区的环境准入政策[61]，使防风固沙等生态功能得到更好的发挥。

　　本研究中生态系统服务供需模式分为低供给－低需求、高供给－低需求、低供给－高需求、高供给－高需求四种类型。

　　其中低供给－低需求模式面积最大，主要分布在西北地区，如阿尔金草原荒漠化防治生态功能区等，该区域由于经济发展水平低，城市化水平相对较低，对生态系统服务的需求也较低，且大部分土地类型为沙漠和戈壁，导致生态系统服务供给能力较弱，且土地不合理的开发利用，引起的水污染、水土流失、湖泊萎缩等一系列生态环境问题也严重影响了生态系统服务的供给[55]。该区域应以保护为主，控制不合理的人类活动，同时开发区域发展的潜力，加快区域产业经济结构向生态经济的升级优化。

　　高供给－低需求模式主要位于我国西南森林区，如藏东南高原边缘森林生态功能区、川滇森林及生物多样性生态功能区，与其他地区相比，该区域经济发展水平相对滞后，城市化程度较低，受人类干扰较小，生态系统动植物资源丰富。

低供给－高需求模式主要集中在一些省会城市及其周边地区，这些地区人口密度高，工业化水平高，生态系统服务消费高[62]，且森林草地等生态用地少，生态系统服务供给能力弱，生态环境和人地矛盾问题突出。城市化的加速发展必然会加剧这些地区生态系统服务供给与人类需求之间的空间失衡[63]。在该地区，应避免不必要的开发建设，减少人类活动对生态系统的干扰，增加城市绿地建设，以提高生态系统服务。

高供给－高需求模式主要位于我国南部，如大别山水土保持生态功能区，该区域经济处于发展水平适中，而且生态环境良好，具有较高的植被覆盖度，应通过保护城市绿地，调整土地利用结构等措施，减少人类对生态的影响，进一步减轻生态压力，实现生态经济可持续发展。

4.2.2　生态系统服务价值供需关系时空变化反映的问题

2000—2020 年，有 48% 的重点生态功能区生态系统服务供需指数呈降低趋势，生态系统服务供需关系逐渐缓和。其中，大别山水土保持生态功能区、长白山森林生态功能区、大小兴安岭森林生态功能区供需指数降低尤为显著，这主要由于长江中下游退耕还林和天然林保护生态建设项目基本上已经修复森林生态系统，且东北地区湿地保护区建设工程的实施，大大改善了生态环境[64-65]，使该区的生态系统服务功能得到提高。

2000—2020 年，也有 52% 的功能区供需指数呈上升趋势，海南岛中部山区热带雨林、南岭山地森林及生物多样性生态功能区、藏东南高原边缘森林生态功能区供需指数上升最为明显，但其 2000—2020 年供需指数均为负值，供需模式表现出高供给－低需求的良好供需态势。这反映出尽管存在变化，但这些区域的生态系统服务供给依然远超需求，生态环境状况相对稳健。我国东北与西南森林密集区，经济发展相对滞后，城市化水平较低，这些地区保留了较完整的自然生态系统，是大量稀有物种资源的生物基因库[55]。这些区域由于地形和土地开发的困难，人类活动干扰较少，从而保持了较高的生态系统服务供给能力。鉴于此，今后需致力于维护现有自然生态系统的完整性与稳定性，积极推进山区的自然植被的恢复工作，严格限制不合理的土地开发活动，确保生态系统的持续健康与人类社会的可持续发展相协调。

生态转移支付政策实施前后，一些重点生态功能区生态系统服务供需关系变化显著。2000—2010 年，黄土高原丘陵沟壑水土保持生态功能区生态系统服务需求增加最为明显，增加了 2.51%。2000 年以来，黄土高原地区退耕还林还草，耕地面积减少，林草地面积增加较大，但这并未彻底改变该地区以种植业为主的生产格局，增加的大面积林草资源未得到充分利用，生态承载力也未得到有效提高。随着该区经济的发展和人口的增加，对生态系统服务的需求越来越大，这给生态环境带来较大压力[66]。然而，2010 年开始，生态转移支付政策的适时介入，生态系统服务需求明显减少，凸显了政策干预在促进生态平衡方面的积极作用。长远来看，针对黄土高原地区目前存在的传统的土地利用模式、土地生产力低下、承载能力不足、生态系统脆弱等生态安全问题[66]，深化土地利用方式的优化改革、减少非必要的土地开发活动、强化生态保护措施成为必由之路。而生态转移支付政策，作为这一变革进程中的关键推手，其持续实施与优化将进一步提升生态系统的整体服务功能，为区域乃至全国的可持续发展奠定坚实基础，展现出深远的积极影响与不可估量的生态红利。

2000—2010 年，浑善达克沙漠化防治生态功能区、科尔沁草原生态功能区也经历了生态系统服务供需指数上升，需求增加明显的过程。这主要是由于浑善达克和科尔沁地区以畜牧业发展为主，随生活水平的提高，人们对草食畜产品有旺盛的市场需求，通过增加牲畜头数的畜牧业发展模式，致使有些地区严重生态超载，造成草场退化、沙化等生态问题频发，从而导致了生态系统服务的供需关系趋于紧张。为保护草原生态，改善草原生态环境，推动牧区经济社会发展，自 2011 年起，国家在内蒙古等 13 个主要牧区省，开始实施草原生态保护补助奖励机制[67]，尽管措施初见成效，但浑善达克功能区部分地区生态状况依然严峻，反映出经济活动对生态服务的深刻影响及其后滞性效应[68-69]。若缺乏持续的生态保护措施，这些地区的生态系统服务供给亦将面临减少的风险。2010—2020 年，得益于国家层面生态建设和生态保护力度的加强，该区域生态系统服务供需指数呈下降趋势，供给增加，需求有所减少，生态系统功能得以恢复和增强。然而，生态保护政策与地方经济发展之间的平衡问题依然突出，需要探索一条生态与经济双赢的可持续发展路径。未来研究应聚焦于如何构建生态协调发展的长效机制，确保生态保护的同时，促进区域经济的健康稳定增长。

4.2.3　生物多样性维护型功能区生态系统服务价值降低的原因

生物多样性维护型功能区是濒危珍稀动植物分布较集中、具有典型代表性生态系统的区域，对于维护生物多样性、保护珍稀物种以及保持生态平衡具有重要意义[70]。但仍存在部分功能区生态系统服务供给减少的情况。

2000—2010 年，生态系统服务供给减少的 5 个生态功能区中，有 3 个属于生物多样性维护型功能区，分别为南岭山地森林及生物多样性生态功能区、海南岛中部山区热带雨林生态功能区、藏东南高原边缘森林生态功能区，分别减少了 0.13%、0.78%、0.18%。这三个功能区为生态服务价值高值区，南岭山地森林及生物多样性生态功能区，作为桂西北生态屏障的核心，天然植被表现出南北交错和垂直分布的现象，是一个庞大的自然植物库[71]；海南岛中部热带雨林，不仅是物种多样性的宝库，更是维系海南生态安全的水源地，其独特生态价值不言而喻；而藏东南高原边缘森林，同样以丰富的生物多样性著称。这些区域因处于森林山地区，地形较复杂，人类的活动强度较弱，孕育着丰富的物种基因，是生物多样性高聚集区，其生态系统服务供给功能较好，但生态系统对人类活动和社会发展存在较高的敏感性[72]，随着近年来森林资源过度利用、旅游活动的开展等人类干扰的发生[70]，部分区域改变了原来生态系统类型的结构，生态系统宏观结构及其空间结构关系，也影响着生态系统的结构和功能，进而影响生态系统的服务供给功能，使该区生物多样性服务功能受到影响。

2010 年以来，这些生态功能区不仅成功实施了生态转移支付机制，还启动实施了天然林保护和造林绿化工程、水土流失防治工程、生态示范创建等生态工程建设[72]。2010—2020 年，南岭山地森林及生物多样性生态功能区、海南岛中部山区热带雨林生态功能区、藏东南高原边缘森林生态功能区的生态系统服务价值呈较明显增加状态，分别增加 2.33%、2.44%、1.24%；且该三个功能区的生态系统服务需求呈较明显减少状态，分别减少 4.18%、4.12%、4.08%，重点生态功能区生态状况保持向好态势。生态转移支付资金和生态工程的实施，对于重点生态功能区的生态系统格局和服务功能发挥了积极作用。近十多年内，生物多样性维护成效显著，但人口密度增长、路网建设、生态空间破碎度等因素，仍然是今后一定时期内国家生物多样性保护面临的关键压力[73]，而加大保护区面积并严格控制，是缓解压力的有效途径。未来，应继续优化政策组合，强化监管与保护，对不同生物多样性聚集地分别设置保护优先等级，确保这些珍贵的生态功能区在支撑区域发展的同时，能够持续发挥其不可替代的生态服务功能。

参 考 文 献

［ 1 ］ de Groot R S, Alkemade R, Braat L, et al. Challenges in integrating the concept of ecosystem services and values in landscape planning, management and decision making[J]. Ecological Complexity, 2010, 7(3): 260−272.

［ 2 ］ Millennium Ecosystem Assessment. Ecosystems and human well−being: Synthesis[M]. Washington, DC: Island Press, 2005.

［ 3 ］ Daily G C. The value of nature and the nature of value[J]. Science, 2000, 289 (5478): 395−396.

［ 4 ］ Geijzendorffer I R, Cohen−Shacham E, Cord A F. Ecosystem services in global sustainability policies[J]. Environmental Science & Policy, 2017, 74: 40−48.

［ 5 ］ Burkhard B, Kroll F, Nedkov S, et al. Mapping ecosystem service supply, demand and budgets[J]. Ecological Indicators, 2012, 21(3): 17−29.

［ 6 ］ Crossman N D, Burkhard B, Nedkov S, et al. A blueprint for mapping and modelling ecosystem services[J]. Ecosystem Services, 2012, 4: 4−14.

［ 7 ］ Villamagna A M, Angermeier P L, Bennett E M. Capacity, pressure, demand, and flow: A conceptual framework for analyzing ecosystem service provision and delivery[J]. Ecological Complexity, 2013, 15: 114−121.

［ 8 ］ Martín−López B, Iniesta−Arandia I, García−Llorente M, et al. Uncovering ecosystem service bundles through social preferences[J]. PLoS One, 2012, 7(6): e38970.

［ 9 ］ Mensah S, Veldtman R, Assogbadjo A E, et al. Ecosystem service importance and use vary with socio−environmental factors: A study from household−surveys in local communities of South Africa[J]. Ecosystem Services, 2017, 23: 1−8.

［10］Wei H, Liu H, Xu Z, et al. Linking ecosystem services supply, social demand and human well-being in a typical mountain-oasis-desert area, Xinjiang, China[J]. Ecosystem Services, 2018, 31: 44-57.

［11］Bastian O, Syrbe R U, Rosenberg M, et al. The five pillar EPPS framework for quantifying, mapping and managing ecosystem services[J]. Ecosystem Services, 2013, 4: 15-24.

［12］Wei H, Fan W, Wang X, et al. Integrating supply and social demand in ecosystem services assessment: A review[J]. Ecosystem Services, 2017, 25: 15-27.

［13］Kroll F, Müller F, Haase D, et al. Rural-urban gradient analysis of ecosystem services supply and demand dynamics[J]. Land Use Policy, 2012, 29(3): 521-535.

［14］Zhao C, Sander H A. Quantifying and mapping the supply of and demand for carbon storage and sequestration service from urban trees[J]. PloS One, 2015, 10(8): e0136392.

［15］Quintas-Soriano C, Castro A J, García-Llorente M. From supply to social demand: A landscape-scale analysis of the water regulation service[J]. Landscape ecology, 2014, 29(6): 1069-1082.

［16］Schulp C J E, Lautenbach S, Verburg P H. Quantifying and mapping ecosystem services: Demand and supply of pollination in the European Union[J]. Ecological Indicators, 2014, 36: 131-141.

［17］Stürck J, Poortinga A, Verburg P H. Mapping ecosystem services: The supply and demand of flood regulation services in Europe[J]. Ecological Indicators, 2014, 38: 198-211.

［18］Breeze T D, Vaissière B E, Bommarco R, et al. Agricultural policies exacerbate honeybee pollination service supply-demand mismatches across Europe[J]. PloS One, 2014, 9(1): e82996.

［19］Garcíanieto A P, Garcíallorente M, Iniestaarandia I, et al. Mapping forest ecosystem services: From providing units to beneficiaries[J]. Ecosystem Services, 2013, 4: 126-138.

［20］Palomo I, Martín-López B, Potschin M, et al. National Parks, buffer zones and surrounding lands: Mapping ecosystem service flows[J]. Ecosystem Services, 2013, 4: 104-116.

［21］Morri E, Pruscini F, Scolozzi R, et al. A forest ecosystem services evaluation at the river basin scale: Supply and demand between coastal areas and upstream lands (Italy)[J]. Ecological Indicators, 2014, 37: 210-219.

［22］Brown G, Montag J M, Lyon K. Public participation GIS: A method for identifying ecosystem services[J]. Society & Natural Resources, 2012, 25(7): 633-651.

［23］Baró F, Haase D, Gómez-Baggethun E, et al. Mismatches between ecosystem services supply and demand in urban areas: A quantitative assessment in five European cities[J]. Ecological Indicators, 2015, 55: 146-158.

［24］Richards D R, Warren P H, Moggridge H L, et al. Spatial variation in the impact of dragonflies and debris on recreational ecosystem services in a floodplain wetland[J]. Ecosystem Services, 2015, 15: 113-121.

［25］Bukvareva E, Zamolodchikov D, Kraev G, et al. Supplied, demanded and consumed ecosystem services: Prospects for national assessment in Russia[J]. Ecological Indicators, 2017, 78: 351-360.

［26］Yiqiu LI, Chunxia LU, Ou D, et al. Ecological characteristics of China's key ecological function areas[J]. Journal of Resources and Ecology, 2015, 6(6): 427-434.

［27］Xu W, Xiao Y, Zhang J, et al. Strengthening protected areas for biodiversity and ecosystem services in China[J]. Proceedings of the National Academy of Sciences, 2017, 114(7): 1601-1606.

［28］Costanza R, d'Arge R, de Groot R S, et al. The value of the world's ecosystem services and natural capital [J]. Nature, 1997, 387: 253-260.

［29］Xie G, Zhang Y, Lu C, et al. Study on valuation of rangeland ecosystem services of China[J]. Journal of Natural Resources, 2001, 16(1): 47-53.

［30］Xiao Y, Xie G, An K. Economic value of ecosystem services in Mangcuo Lake drainage basin[J]. Ying yong sheng tai xue bao=The journal of applied ecology, 2003, 14(5): 676-680.

[31] Zhang C, Xie G, Li S, et al. The productive potentials of sweet sorghum ethanol in China[J]. Applied Energy, 2010, 87(7): 2360-2368.

[32] Xie G D, Zhang C X, Zhen L, et al. Dynamic changes in the value of China's ecosystem services[J]. Ecosystem Services, 2017, 26: 146-154.

[33] Liu J Y, Kuang W H, Zhang Z X, et al. Spatiaotemporal characteristics, patterns and causes of landuse changes in China since the late 1980s[J]. Journal of Geographical Sciences, 2014, 24(2): 195-210.

[34] Shisong C, Wenji Z, Fuzhou D. Coupling relation analysis between ecological value and economic poverty of contiguous destitute areas in Qinling-Dabashan region[J]. Geographical Research, 2015, 34(7): 1295-1309.

[35] Song W, Deng X Z. Land-use/land-cover change and ecosystem service provision in China[J]. Science of the Total Environment, 2017, 576.

[36] 中华人民共和国国家统计局. 中国统计年鉴（2011）[M]. 北京：中国统计出版社，2011.

[37] 国家发展和改革委员会价格司. 全国农产品成本收益汇编（2011）[M]. 北京：中国统计出版社，2011.

[38] Lautenbach S, Kugel C, Lausch A, et al. Analysis of historic changes in regional ecosystem service provisioning using land use data[J]. Ecological Indicators, 2011, 11(2): 676-687.

[39] Costanza R, De Groot R, Sutton P, et al. Changes in the global value of ecosystem services[J]. Global Environmental Change, 2014, 26: 152-158.

[40] Liu J Y, Liu M L, Zhuang D F, et al. Study on spatial pattern of land-use change in China during 1995-2000[J]. Science in China Series D: Earth Sciences, 2003, 46(4): 373-384.

[41] Liu J Y, Zhang Z X, Xu X L, et al. Spatial patterns and driving forces of land use change in China during the early 21st century[J]. Journal of Geographical

Sciences, 2010, 20(4): 483-494.

[42] Chi Y, Shi H, Zheng W, Sun J K, Fu Z Y. Spatiotemporal characteristics and ecological effects of the human interference index of the Yellow River Delta in the last 30years. Ecological indicators, 2018, 89: 880-892.

[43] Dai Z, Liu J T, Xiang Y. Human interference in the water discharge of the Changjiang (Yangtze River) China. Hydrological Science Journal, 2015, 60(10): 1770-1782.

[44] 徐海根, 丁晖, 吴军, 等. 2020 年全球生物多样性目标解读及其评估指标探讨. 生态与农村环境学报, 2012, 28(1): 1-9.

[45] 徐勇, 孙晓一, 汤青. 陆地表层人类活动强度: 概念、方法及应用 [J]. 地理学报, 2015, 70(7): 1068-1079.

[46] Xu Y, Xu X, Tang Q.Human activity intensity of land surface: Concept, method and application in China[J]. Journal of Geographical Sciences, 2016, 26(9): 1349-1361.

[47] Ling Y I, Xiong L Y, Yang X H. Method of pixelizing GDP data based on the GIS[J]. Journal of Gansu Sciences, 2006.

[48] Liu H, Jiang D, Yang X, et al. Spatialization Approach to 1km grid GDP supported by remote sensing[J]. Geo-information Science, 2005, 7(2): 120-123.

[49] 黄莹, 包安明, 陈曦, 等. 基于绿洲土地利用的区域 GDP 公里格网化研究 [J]. 冰川冻土, 2009, 31(1): 162-169.

[50] 徐涵秋. 区域生态环境变化的遥感评价指数 [J]. 中国环境科学, 2013, 33(5): 889-897.

[51] 赵国松, 刘纪远, 匡文慧. 1990—2010 年中国土地利用变化对生物多样性保护重点区域的扰动 [J]. 地理学报, 2014, 69(11): 1640-1649.

[52] 刘慧明, 高吉喜, 张海燕, 等. 2010—2015 年国家重点生态功能区人类干扰程度评估 [J]. 地球信息科学学报, 2017, 19(11): 1456-1465.

[53] Hitzhusen F J. Economic valuation of river systems[M]. Edward Elgar Publishing, 2007.

［ 54 ］ Peng J, Yang Y, Xie P, et al. Zoning for the construction of green space ecological networks in Guangdong Province based on the supply and demand of ecosystem services[J]. Acta Ecologica Sinica, 2017, 37(13): 4562–4572.

［ 55 ］ Wang J, Zhai T, Lin Y, et al. Spatial imbalance and changes in supply and demand of ecosystem services in China[J]. Science of The Total Environment, 2019, 657: 781–791.

［ 56 ］ Huang Z X, Wang F F, Cao W Z. Dynamic analysis of an ecological security pattern relying on the relationship between ecosystem service supply and demand: A case study on the Xiamen–Zhangzhou–Quanzhou city cluster[J]. Acta Ecologica Sinica, 2018, 38(12): 4327–4340.

［ 57 ］ Zhai J, Hou P, Cao W, et al. Ecosystem assessment and protection effectiveness of a tropical rainforest region in Hainan Island, China[J]. Journal of geographical sciences, 2018, 28(4): 415–428.

［ 58 ］ Wang L, Zheng H, Wen Z, et al. Ecosystem service synergies/trade–offs informing the supply–demand match of ecosystem services: Framework and application[J]. Ecosystem Services, 2019, 37: 100939.

［ 59 ］ Xiao Y, Xie G, Zhen L, et al. Identifying the areas benefitting from the prevention of wind erosion by the key ecological function area for the protection of desertification in Hunshandake, China[J]. Sustainability, 2017, 9(10): 1820.

［ 60 ］ Liang E M, Zhang J M. Analysis of ecological security of landscape pattern in Manas River watershed of Xinjiang Uyghur Autonomous Region[J]. Research of Soil and Water Conservation, 2016, 23(3): 170–175.

［ 61 ］ 新疆三个重点生态功能区将实行环境准入 _ 新闻台 _ 中国网络电视台（cntv.cn）

［ 62 ］ Zhang Y, Liu Y, Zhang Y, et al. On the spatial relationship between ecosystem services and urbanization: A case study in Wuhan, China[J]. Science of The Total Environment, 2018, 637: 780–790.

［ 63 ］ Wang S J, Ma H, Zhao Y B. Exploring the relationship between urbanization and the eco-environment—A case study of Beijing-Tianjin-Hebei region[J].

Ecological Indicators, 2014, 45: 171-183.

［64］Wang J, Lin Y, Zhai T, et al. The role of human activity in decreasing ecologically sound land use in China[J]. Land degradation & development, 2018, 29(3): 446-460.

［65］Wang J, Lin Y, Glendinning A, et al. Land-use changes and land policies evolution in China's urbanization processes[J]. Land Use Policy, 2018, 75: 375-387.

［66］Wei H, Fan W, Ding Z, et al. Ecosystem services and ecological restoration in the Northern Shaanxi Loess Plateau, China, in relation to climate fluctuation and investments in natural capital[J]. Sustainability, 2017, 9(2): 199.

［67］Liu M, Dries L, Heijman W, et al. The impact of ecological construction programs on grassland conservation in Inner Mongolia, China[J]. Land degradation & development, 2018, 29(2): 326-336.

［68］Wu, X., Liu, S., Zhao, S., Hou, X., Xu, J., Dong, S., & Liu, G. (2019). Quantification and driving force analysis of ecosystem services supply, demand and balance in China. Science of The Total Environment, 652, 1375-1386.

［69］Kumar P. The economics of ecosystems and biodiversity: ecological and economic foundations[M]. Routledge, 2012.

［70］全国生态功能区划（修编版），2015.（https://www.mee.gov.cn/gkml/hbb/bgg/201511/t20151126_317777.htm）

［71］莫焱兰. 广西南岭生态功能区生态状况评估及时空变化分析 [D]. 南宁师范大学，2022. DOI: 10.27037/d.cnki.ggxsc.2022.000964.

［72］侯鹏，翟俊，曹巍，等. 国家重点生态功能区生态状况变化与保护成效评估——以海南岛中部山区国家重点生态功能区为例 [J]. 地理学报，2018，73(03): 429-441.

［73］栗忠飞，刘海江. 2011 和 2019 年生物多样性维护型国家重点生态功能区状态及变化评估 [J]. 生态学报，2021，41(15): 5909-5918.